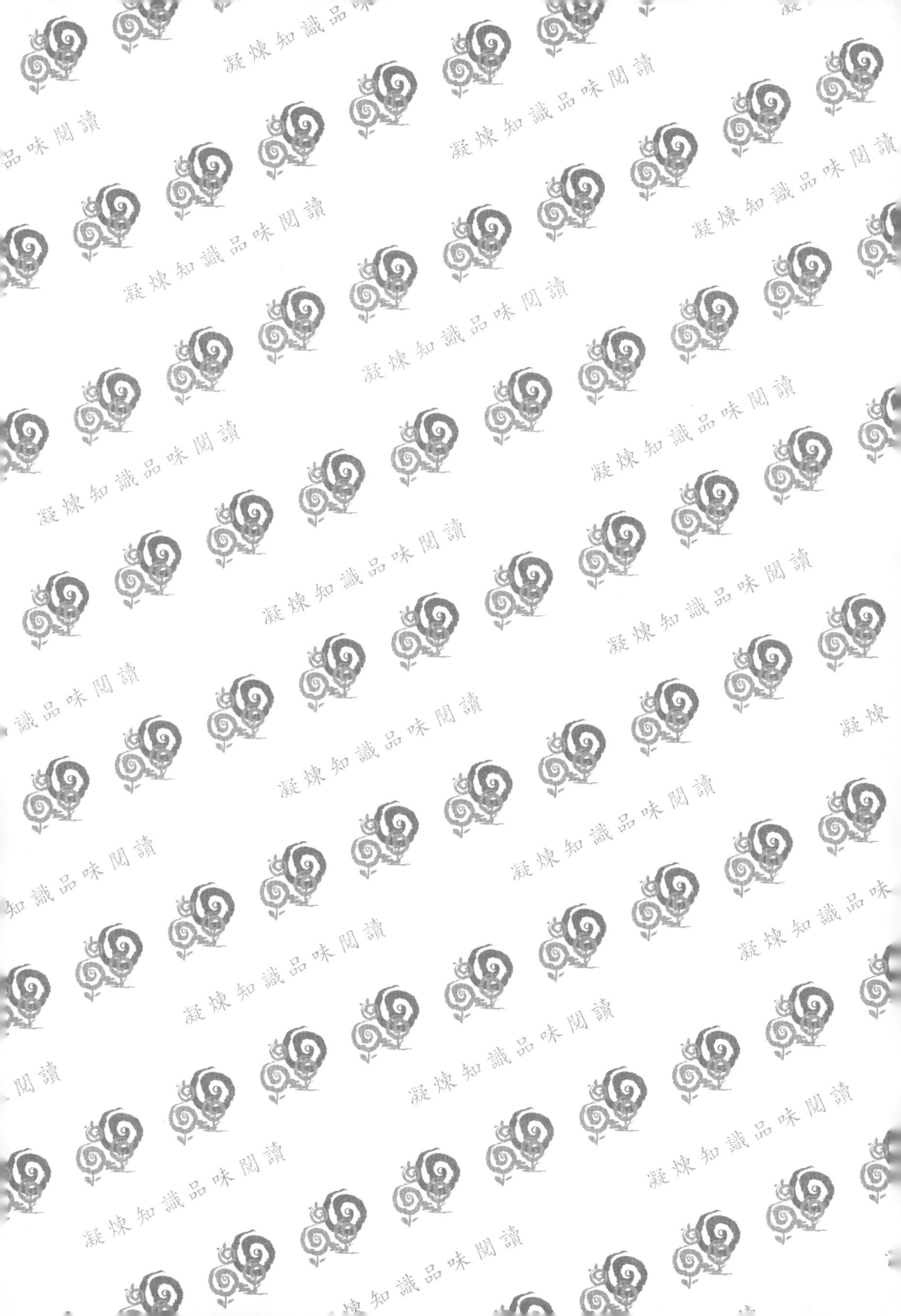

凝煉知識品味閱讀

超圖解

審計學

用圖解重構概念，秒懂重點精華

馬嘉應 博士 著

審計學只能靠強記嗎？
新時代的超強圖解之術讓你不想記起來都難！

五南圖書出版公司 印行

序言

審計的需求與產生主要是來自利益衝突的兩方需有一公正的第三者替他們確認雙方所需的資料之合理性。所謂利益衝突可能是來自提供資金的另一方對於需錢的一方提供的相關資訊的可靠性存疑時，須由專業的第三方提供公正嚴謹的專業見解。這第三方就是會計師。存疑的資訊就是財務報表與相關的揭露。

審計須應用嚴謹與系統的方法（也就是相關查核程序），針對明示或是隱喻的財務聲明，蒐集相關資訊來支持會計師專業見解也就是查核報告。

此書的編寫也依此邏輯觀念。前三章針對查核人員的養成與查核工作環境加以說明。查核工作規劃與查核執行的整體觀念在第四章到第八章探討。查核風險的承擔會影響到查核工作的進行也就是查核抽樣，在第九章說明。目前已是電子資訊化時代，所以查核工作也須面對蓬勃發展的電子資訊環境，執行不同的查核策略，這部分在第 10 章探討。企業本身的運作大體上可分為五大循環，針對五大循環的詳細查核工作，我們在第 11 章到第 15 章詳細說明。

最後查核工作完成後。查核人員應注意的最後工作及最後的查核報告在第 16 章說明。另外，最後一章說明除查核工作外其他與查核工作相關的業務性質與範圍。

實際上，審計查核工作雖是對財務資訊求證其合理。但這些均是與人有關。所以閱讀本書時，希望讀者能以一般人對於要說服對方做有利於自己的決策時，可能會如何處理的角度，來看此書可能會較容易瞭解。

馬嘉應
於東吳大學會計學系
2019.11

目錄

Chapter 1

審計的意義與類型

1-1 什麼是審計

一、審計的定義

審計，亦稱為查核（Audit），根據美國會計學會對其定義為：

審計是一個有系統的過程，針對公司對其經濟活動與經濟事項所做的相關聲明，以客觀的態度蒐集證據，並評估這些證據，進一步確定這些聲明是否符合既定的標準，最後將所得到之結論傳達給利害關係人。

由以上清楚之定義可知，查核是一種蒐集及評估證據的過程，而蒐集及評估證據的目的即在於瞭解公司所做聲明，這些聲明可能是一項口頭聲明或是書面聲明，例如：財務報表，是否符合既定標準，此項標準可能為法令規範或一般公認會計原則等；而所謂「有系統的過程」，係指這項蒐集證據的工作必須依規則執行，而非隨意進行，此規則，例如：一般公認審計準則，在此一定義中，特別提及必須以客觀態度進行此項工作。所謂客觀態度，意指查核人員必須在形式及實質上與受查公司保持獨立，並以自身不受影響之客觀判斷去下結論，此獨立性問題對審計而言相當重要，後續章節將有更詳細之探討。在最後，查核人員必須把其結果，例如：查核報告，傳達給對該公司聲明是否允當有興趣之關係人，這些關係人如股東、公司管理階層、債權人、政府部門及一般社會大眾。

二、審計類型

1. 外部查核人員

(1) 獨立查核人員：即一般所稱會計師或會計師事務所之成員，其主要工作在於對企業或非營利組織所提供的財務資訊（通常為財務報表），進行證據蒐集，並對這些證據加以評估，最後做出專業的判斷，對這些財務資訊是否允當表達意見。

(2) 官方查核人員：政府指派的稽核公務員。

2. 內部查核人員

主要針對企業或非營利組織中的內部稽核人員，工作在於評估企業各個階段營運是否依循企業所訂立之標準，以協助管理階層達成其管理目標。另一方面，內部稽核人員亦協助公司設立良好的內部控制制度，以達成企業之目標。針對內部稽核人員而言，其工作性質亦需有獨立性，惟其仍屬於企業之一份子，因此為顧及其獨立性，應將其位階提升至與管理高層（如總經理）同一等級，直接向董事會負責，以保持其獨立性。

審計的流程

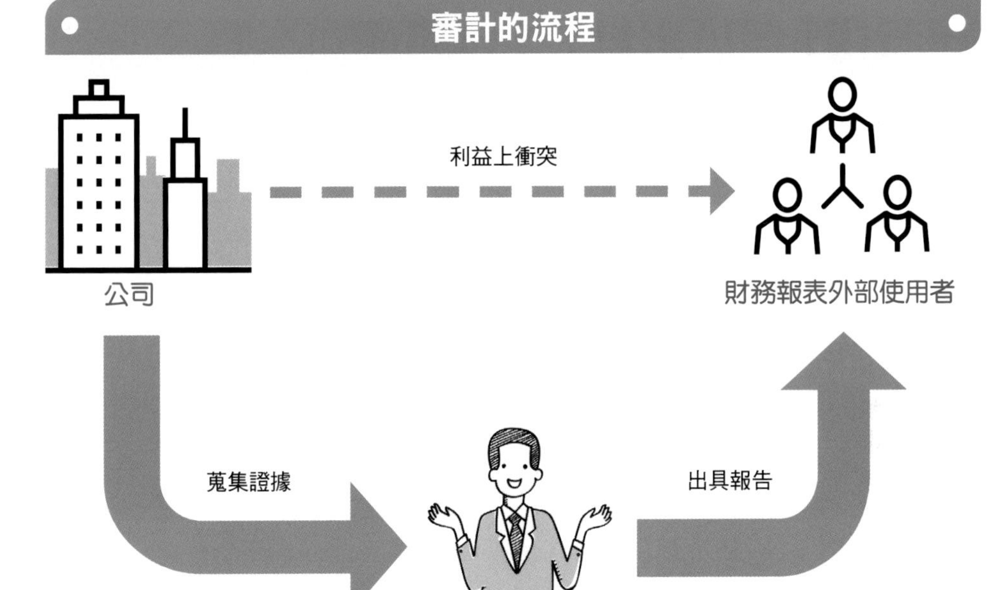

參與審計的人員

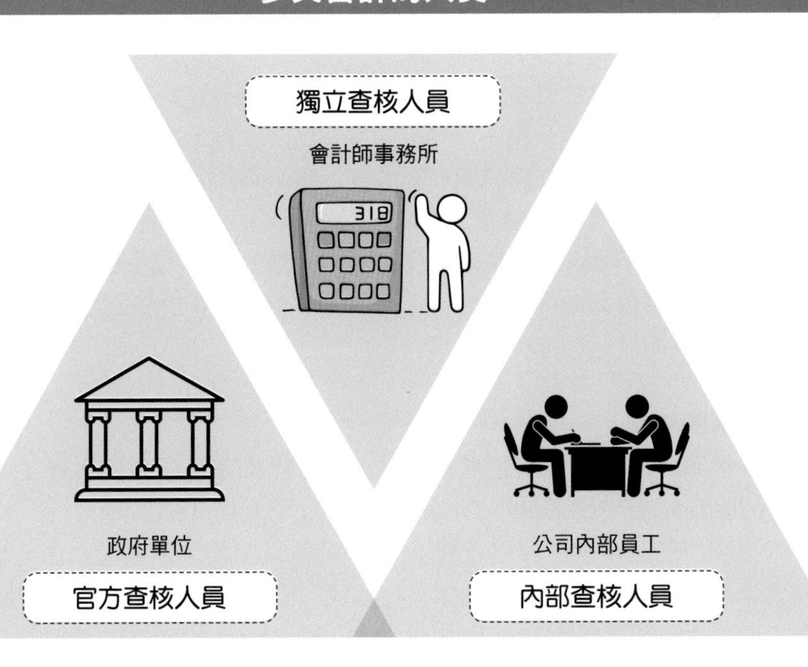

1-2 會計師專業

會計師是一項必須具備長期訓練並累積經驗的職業，因此在我國，任何想成為會計師的人，都必須先通過國家所舉辦的會計師資格考試，經過資格考及格後，尚須有二年以上的查核實務經驗，方能成為執業會計師，成為執業會計師之後，仍須持續進修，以確保專業能力能夠與環境相互配合。另一方面，會計師必須受到許多規範，這些規範包括了會計師專業本身的自律規範以及主管機關的規範。除此之外，會計師在執行業務時，也必須依照專業團體所制定的準則進行。

一、會計師公會

1. 美國

全國性的會計師專業團體，以美國會計師公會（AICPA）為首，其主要工作在於提供會計師在進行工作時，能有明確的指引及維持審計專業的品質，因此，在其組織下有專門制定各種會計及審計準則的單位，此外還有負責維持審計品質、會計師職業道德等相關議題的小組，並且定期舉辦各種課程幫助其會員（亦即各地加入公會之會計師）持續進修。

2. 我國

會計師公會可分為地區性公會及全國性公會，地區性公會包括臺北市會計師公會、高雄市會計師公會，以及臺灣省會計師公會，這三個公會之會員來自於各地區之會計師，任何想要執業的會計師必須加入此三個公會中任何一個方能執業；而全國性公會即為中華民國會計師公會全國聯合會，其會員只有三個，即三個地方性公會。我國會計師公會的權限比起美國會計師公會有極大差距，在最重要的準則制定方面，從中華民國會計研究發展基金會成立後，已轉移由該組織進行。

二、會計師事務所

會計師事務所是一合夥組織，目前美國會計師事務所以四大為主，分別為 Pricewaterhouse Coopers、Ernst & Young、Deloitte & Touche、KPMG，這些大事務所的財務審計業務涵蓋了全美 95% 以上的上市公司，在全球，各國皆有當地事務所與其成立聯盟關係，在我國，安侯建業會計師事務所與 KPMG 結盟；資誠會計師事務所與 Pricewaterhouse Coopers 結盟；而勤業眾信會計師事務所與致遠會計師事務所則分別與 Deloitte & Touche 及 Ernst & Young 結盟；相同地，國內的上市上櫃公司大部分財務報表也是由這四大事務所簽證。

三、主管機關

所謂主管機關，係指政府規範會計師的官方機構。在美國，證券交易委員會（或簡稱證管會），是依 1934 年美國證券交易法所設立的；而在我國，此機構相當於行政院金融監督管理委員會（簡稱金管會）下的證期局，其主要功能在監督會計師執行業務時是否有任何重大疏失，若有未盡專業上應有之注意或重大違反審計準則，該懲戒委員會可將會計師處分，最嚴重可將會計師除名，亦即該會計師喪失執行業務的權力。

四、準則制定團體

1. 美國

隸屬於美國會計師公會下有財務會計準則委員會及審計準則委員會，負責制定相關的會計準則與審計準則，這些準則制定團體除了訂定相關準則外，亦須對企業所提出關於準則適用的疑義，發布解釋公報。

2. 我國

財團法人中華民國會計研究發展基金會底下亦設有財務會計準則委員會及審計準則委員會，其準則制定程序及功能與美國相類似。

不論是美國或我國，在準則制定上都採取由非官方機構制定，此係基於準則必須能配合交易環境的不斷改變，若由官方制定，則繁複的立法程序可能會對準則的時效性產生不利影響。然而，美國近年企業舞弊案件不斷，美國證管會即有意將準則制定權回歸政府部門，以防杜會計師基於本身利益而忽略了大眾權益。

美國與臺灣的比較

美國		臺灣
美國會計師公會（AICPA）	會計師公會	全國性、地區性公會
Pricewaterhouse Coopers、Ernst & Young、Deloitte & Touche、KPMG	會計師事務所	勤業眾信、資誠、致遠、安侯建業
證券交易委員會	主管機關	金融監督管理委員會
財務會計準則委員會、審計準則委員會	準則制定團體	財團法人中華民國會計研究發展基金會

美國影響會計準則的權威機構

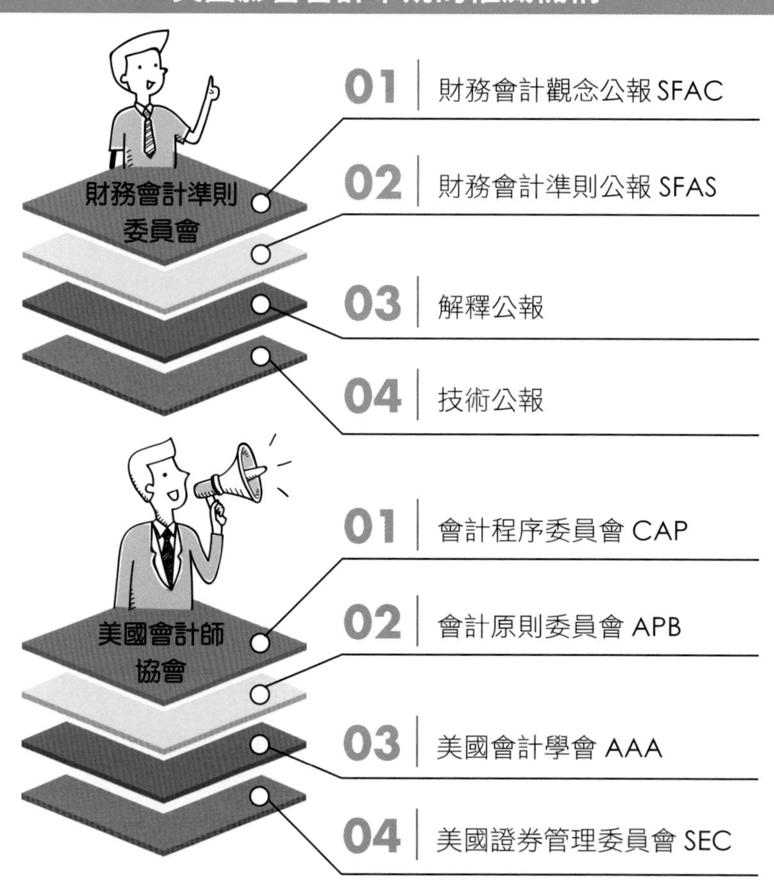

國內企業適用會計法令優先順序

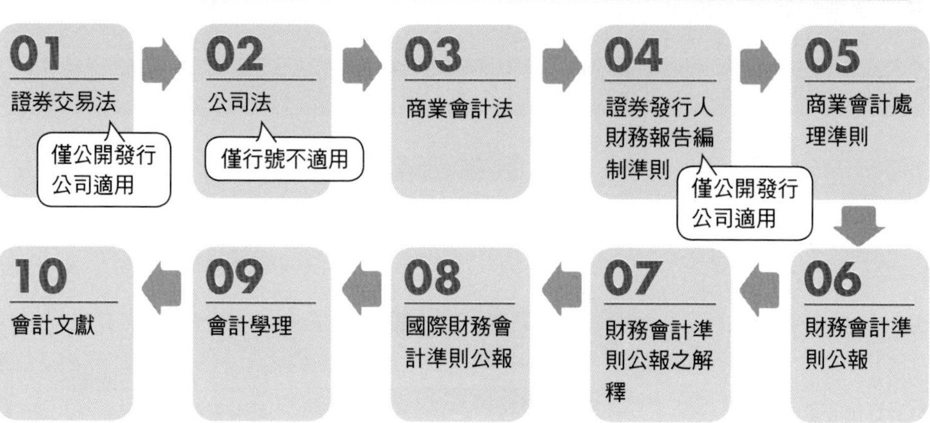

1-3 會計師業務

由於會計師具備有關於財務、會計、財經法、稅法等相關專業能力，加上其必須具備獨立的特性，因此，會計師的業務已從早期純粹的企業財務報表簽發意見，轉變為今日多元化的業務。

一、簽證服務

簽證服務係指會計師事務所針對另一組織（受查者）所提出之書面聲明，經過蒐集足夠適切證據後，出具一份書面報告以針對其聲明是否允當表示意見。一般而言，簽證服務尚可分為四類：

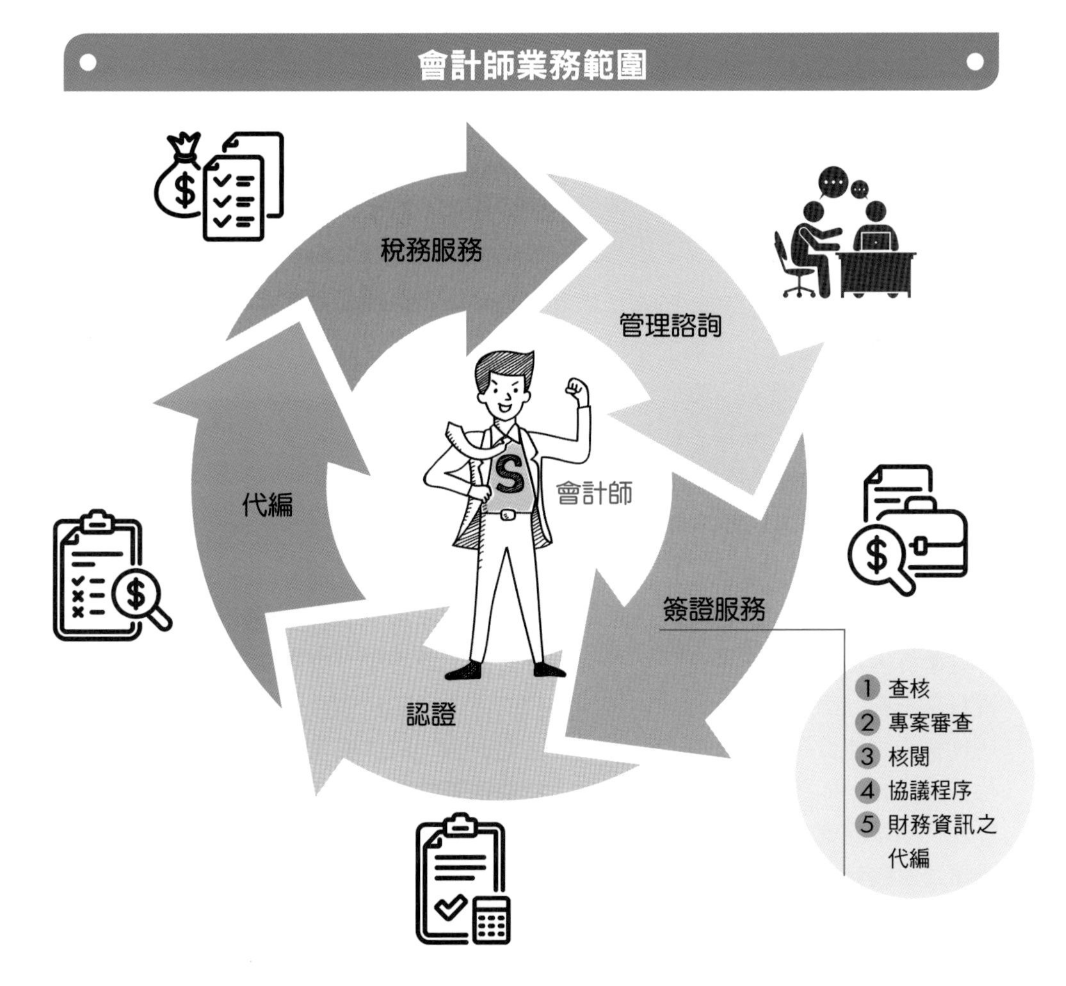

1. **查核**：對企業所提出的年度財務報表表示意見，以正面積極的字眼來表達其意見，提供的是一項高度但非絕對的確信。
2. **專案審查**：專案審查係指針對非歷史性的財務資訊所提出之聲明，提供高度但非絕對的確信。
3. **核閱**：核閱係主要在詢問管理階層和比較相關財務資訊，根據有限的程序出具消極的意見。
4. **協議程序**：為客戶與會計師事務所就財務報表的某些特定科目或交易執行某些特定程序做協議，而非就財務報表整體執行查核程序，僅在報告上陳述所進行之程序及所發現之事實。
5. **財務資訊之代編**：財務資訊之代編係指會計師受託以其會計知識蒐集、分類及彙總財務資訊，而非以其查核知識查核財務報表。

二、稅務服務

稅務服務包括協助客戶申報每年度的營利事業所得稅、稅務規劃或接受客戶委託，成為客戶的稅務訴訟代理人，由於會計師對於此一方面的專業知識非常熟稔，加上稅法相當繁瑣，因此，客戶常須仰賴會計師這方面的長才。

三、管理諮詢

會計師所進行簽證的客戶通常不僅止於一家企業或同一產業，因此會計師所接觸的公司非常多元化，加上會計師必須深入瞭解各受查公司的經營狀況及產業特性，這些因素都促成了會計師在管理知識上的累積，也因為如此，許多企業樂於向會計師諮詢關於營運上的意見。

四、代編

許多小型的公司，由於交易並不多，交易內容亦不複雜，因此，基於成本效益考量，平時並不會聘請一位專職會計人員進行會計工作，取而代之的是定期委託會計師為其處理會計事務，此即所謂「會計服務」。而有些公司則是平時聘請一位會計人員從事簿記工作，將每日交易逐筆記錄下來，等到期末再將這些帳簿資料交由會計師事務所進行編製財務報表的工作，在這過程中，會計師並不對其所代編的財務資訊提供任何程度的保證。在我國，這類的會計師業務通常由另一行業所瓜分，即所謂「代客記帳業」，我國商業會計法已將此一行業能提供之會計及代編服務建立法源基礎，因此在我國關於小型公司的代編及會計服務，會計師事務所較無廣大的市場。

五、認證

1994 年美國會計師協會（AICPA）成立了認證服務專門委員會（Special Committee on Assurance Services，簡稱 SCAS），負責研議擴展會計師業務的相關課題。主要目的如下：

1. **類認證服務的資訊**
   (1) 財務性及非財務性之績效衡量，非財務性資訊，如顧客滿意度、產品品質、製成品質和創新。
   (2) 風險評估，如市場、產業科技、財務風險等。
   (3) 資訊系統品質，如資訊系統及控制。
   (4) 認證製程品質，如 ISO9000 品質認證。
   (5) 查核網際網路之資訊。
   (6) 電信服務之可靠性、安全性及私密性的認證。
   (7) 醫療服務品質之認證。
2. **攸關資訊之認證：**查核和簽證功能著重資料可靠性的確保。但在當今資訊爆炸的決策環境中，資訊使用者亟需專業知識的人認證特定資訊是否與決策攸關，以利其選擇應納入決策考量之資訊。
3. **資訊系統之認證：**由於資訊科技發達，資訊使用者可以由線上的資料庫取得個人所需之財務資料，因此，產生財務資訊之系統是否可靠乃更形重要。故未來會計師不僅查核會計資訊系統之產出（財務報表）的允當性，亦需要對資訊之產生過程，提供更多的認證。

學校沒教的會計潛規則

會計作為一項獨立的經濟管理活動，有著悠久的歷史。原始印度公社時期，就出現了記帳員。我國西周時期，設有「司會」之職，接受朝廷和地方官員的會計文書並進行考核。13 ～ 15 世紀，在工商業發達的地中海沿岸城市，出現了複式記帳法。1494 年，義大利人帕喬利出版了《算數、幾何、比與比例概要》一書，系統闡釋了複式記帳法，為會計制度的普及奠定了基礎。18 ～ 19 世紀，隨著股份有限公司的出現，誕生了註冊會計師行業，以及審計、成本會計、會計報表分析等業務。

會計師簽證服務的五大類

	查核	專案審查	核閱	協議程序	代編服務
主要服務標的	財務報表審計	內部控制聲明書	季報與財務預測	財務資訊	代編財務資訊
主要服務依據	一般公認審計準則、商業會計法	證期會審查準則、商業會計法	審計準則公報第 36 號	審計準則公報第 34 號	財務準則公報、商業會計法、審計準則公報 35 號
確信程度	高度但非絕對確信	高度但非絕對確信	中度確信	不對整體做確信	不做確信
執行程序	檢查、觀察、函證、分析、比較	規劃、瞭解、測試、評估	分析、比較、查詢	檢查、觀察、查詢、函證、計算、分析及比較	認定、衡量、彙總財務資訊
表示保留或否定意見	揭露不足或違背 GAAP	設計和執行上有重大缺失，聲明書不允當	違反 GAAP	不適用	不適用
保留意見或無法表示意見	範圍受限或存有不確定事件	範圍受限或未執行必要程式	範圍受限	不適用	不適用
會計師不獨立	不表示意見	無法提供服務	不得簽發報告	須於報告中說明	須於報告中說明
報告分發	無限制	無限制	無限制	僅供參與協議者使用	無限制但有例外

附錄　一般公認審計準則總綱

壹、一般準則

第一條　查核工作之執行及報告之撰寫，應由具備專門學識及經驗，並經適當專業訓練者擔任。

第二條　執行查核工作及撰寫報告時，應保持嚴謹公正之態度及超然獨立之精神，並盡專業上應有之注意。

貳、外勤準則

第三條　查核工作應妥為規劃，其有助理人員者，須善加督導。

第四條　對於受查者內部控制應作充分之瞭解，藉以規劃查核工作，決定抽查之性質、時間及範圍。

第五條　運用檢查、觀察、函證、分析及比較等方法，以獲得足夠及適切之證據，俾對所查核財務報表表示意見時有合理之依據。

第六條　承辦查核案件應設置工作底稿。

參、報告準則

第七條　會計師姓名如與財務報表發生關連，均應出具報告，表明其承辦工作之性質及所承擔之責任。

第八條　查核報告中應說明財務報表之編製，是否符合一般公認會計原則。

第九條　財務報表編製所採用之會計原則，如有前後期不一致者，應於查核報告中說明。

第十條　必要之財務資訊未於財務報表中作適當揭露時，應於查核報告中說明。

第十一條　財務報表整體是否允當表達，應於查核報告中表示意見。若表示修正式無保留意見、保留意見、否定意見或無法表示意見者，應明確說明其情由。

肆、附則

第十二條　本公報係中華民國會計師公會全國聯合會會計問題評議委員會於民國五十九年十一月發布，民國七十二年四月一日經中華民國會計師公會全國聯合會查帳準則委員會第一次修訂，民國七十四年十二月三十一日經本委員會第二次修訂，民國八十六年九月三十日經本委員會第三次修訂，民國八十九年一月二十五日經本委員會第四次修訂，並自修訂日起實施。

會計師的職業道德

2-1 職業道德

就像所有其他職業一樣，會計師身為會計專業人士，也應該瞭解對於社會大眾、對委託者，以及其他同業的基本責任，如果專業人士在工作上有所疏失或行為不正直，在社會大眾必須倚賴專業的情況下，這樣的損失將無法獲得解決，專業的形象在人們心中也必定大打折扣，並且留下不良印象。專業人士為了維持良好形象，自行訂定行為準則，本章將探討社會對會計師的期望是什麼，為了達到社會的期待，會計師為此制定了哪些法規來規範自身行為。

職業道德和一般人所認知的道德最大不同在於，專業道德的標準遠高於一般的道德，原因在於會計師所執行之簽證業務係法律所賦予，除非具有會計師資格者，不得從事該業務。因此關於此方面專業只有會計師最為瞭解，而社會大眾基於資訊不對稱，只能選擇相信會計師查核報告，故會計師個人的行為或判斷，將會嚴重影響到廣大投資人或債權人的權益，因此，嚴格規範會計師的專業道德，確實有其必要性。

大神突破盲點

會計師簽證業務的傭金收入是來自於編製財務報表的受查者中，但主要的服務對象卻是和財務報表編製者可能發生利益衝突的投資人（財務報表使用者），因此會計師的獨立性常常被拿出來討論。會計師是否真的公正客觀只有會計師本身知道，外人也很難去評斷，但為了讓會計師超然獨立達到社會要求的最低標準，才會特別訂定會計師職業道德規範，作為第三方判斷會計師是否有獨立性的標準。

會計師的職業道德規範

會計師專業道德的必要性

2-2 美國職業道德規範

美國專業道德規範係由四個部分所組成，包括原則（Principles）、行為規則（Rules of Conduct）、行為規範之解釋、道德仲裁。

原則：

在美國專業道德規範中，原則類似財務會計準則中的觀念性公報，目的在提供行為規則制定時之明確架構。因此，原則並非專業道德規範之主體，其並不具有強制性，目前美國會計師公會在規範中共訂有六個原則：

1. 責任（Responsibilities）
「會員在執行其專業責任時，對於所有活動與事項應秉持著敏銳的專業與道德判斷」。
2. 公眾利益（The Public Interest）
「會員應盡到為大眾利益服務、獲取公眾信任，以及對專業奉獻之義務」。
3. 正直（Integrity）
「為了維持及促進公眾信任，會員應以最高的正直感執行所有專業責任」。
4. 客觀性及獨立性（Objectivity and Independence）
「在執行任何專業服務時，會員應保持客觀之態度，避免有利益衝突，此外，在執行審計及其他簽證服務時，應保持實質及形式上之獨立」。
5. 應有之注意（Due Care）
「會員應盡全力遵守專業技能及道德準則，不斷努力以改善適任性及服務品質，並善盡專業上之責任」。
6. 服務的範圍與性質（Scope and Nature of Services）
「執行會計師業務之會員應遵守專業道德規範，以決定所提供服務的範圍和性質」。

大神突破盲點

實質上的獨立和形式上的獨立：實質上亦指精神上、心態上或心靈上之超然獨立。為達到社會對會計師之期待，消弭財務報表編製者和使用者之間之超然獨立，會計師須保持獨立性。形式上之獨立亦指外觀上之獨立，以法令和規範作為獨立性之衡量標準。因實質上的獨立性在實務上難以衡量，因此以形式上的獨立性來判斷會計師之獨立性。

美國職業道德規範

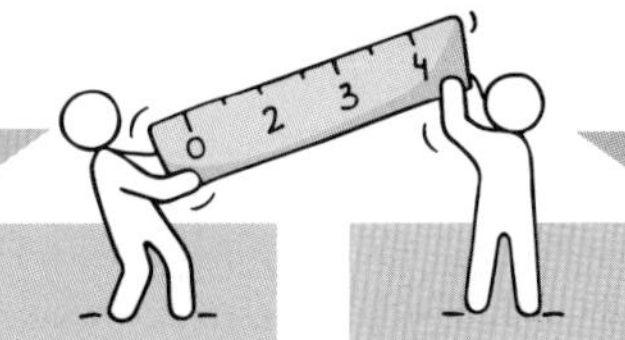

原則

1. 責任
2. 公眾利益
3. 正直
4. 客觀性及獨立性
5. 應有之注意
6. 服務的範圍與性質

規則

規則 101（超然獨立）

規則 102（正直客觀）

規則 201（一般準則）

規則 202（遵循準則）

規則 203（一般公認會計原則）

規則 301（保密原則）

規則 302（或有公費）

規則 501（玷辱行為）

規則 502（廣告）

規則 503（佣金）

規則 505（開業方式及名稱）

2-3 美國職業道德規則彙總

規則 101：超然獨立

會計師執行查核工作時，須保持獨立性。

實質上的獨立和形式上的獨立：實質上亦指精神上、心態上或心靈上之超然獨立。為達到社會對會計師之期待，消弭財務報表編製者和使用者之間之超然獨立，會計師須保持獨立性。形式上之獨立亦指外觀上之獨立，以法令和規範作為獨立性之衡量標準。因實質上的獨立性在實務上難以衡量，因此以形式上的獨立性來判斷會計師之獨立性。

影響獨立性的情況：

1. 直接財務利益

   直接：係指查核人員或是查核人員可以直接控制之人，例如：會計師本人、配偶或未成年子女。

   財務利益：係指查核人員或查核人員可以直接控制之人與受查者之間有投資關係或借貸關係。

特殊情況下，可以直接借貸關係：

(1) 依正常借貸條件及手續，以房屋作為擔保之抵押貸款。

(2) 汽車貸款。

(3) 人壽保險金現金解約之貸款。

(4) 結欠信用卡費用。

2. 間接重大財務利益：

   間接財務利益是指會計師不能直接掌握之人對受查者有投資或借款之行為。

   重大性是指投資或借款占會計師淨值的百分之五以上。
3. 財務報表所覆蓋之期間和審計合約期間曾受僱於受查者，會計師之獨立性將受到重大影響。
4. 結欠審計公費。
5. 接受貴重禮品。
6. 會計師和受查者間有重大訴訟。

規則 102：正直客觀

1. 會員於執行業務時，要保持公正客觀，不得受他人意見左右。
2. 會員執行稅務代理時，可以站在有利於客戶的立場，但不得協助逃稅。

規則 201：一般準則

會員應遵守下列經由理事會任命的團體所公布的準則及解釋，包括：

1. 適任能力：會員只能承接本人或事務所之專業能力範圍所及，並預期可以合理完成的合約。
2. 執業上應有之注意：會員執行專業服務時，應盡專業上應有之注意。
3. 規劃與督導：適當規劃與督導專業服務之進行。
4. 足夠的相關資料：提供專業服務後，取得足夠攸關的資料作為產生結論或建議的合理基礎。

規則 202：遵循準則

會員執行業務應遵行理事會指定團體所頒布的準則。

規則 203：一般公認會計原則

會員執行業務應針對受查者財務報表是否為一般公認會計原則，表示意見。

規則 301：保密原則

未經委託人特別允許，執行公眾業務的會員不得揭露任何屬於客戶機密性的資訊。

1. 本規則不得減輕會員在遵循準則與一般公認會計原則下所負之義務。
2. 會計師原則上在取得受查者同意後，可將工作底稿之相關資料送予該單位調查：
   (1) 原委託查核者。
   (2) 法院或政府機關。
   (3) 共同查核會計師。
   (4) 母公司查核會計師。
   (5) 繼任會計師。
   (6) 其他會計師。

規則 302：或有公費

會員執行業務時，不得向本身或其事務所承辦下列服務的客戶收取或有公費，或以收取或有公費的方式提供審計或核閱之專業服務：

A. 查核或核閱財務報表
B. 代編財務報表
C. 審查預測性的財務資訊

規則 501：玷辱行為

所謂玷辱行為，係指會員所從事之行為會損害到專業形象及公會名譽。例如：扣押受查者帳冊、觸犯重罪（一年以上）、對員工有歧視、故意出具不實意見報告。

規則 502：廣告

執行公眾業務的會員禁止以錯誤、誤導或詐欺等方式進行宣傳或業務招攬，以爭取客戶，並且禁止運用威脅、哄騙或騷擾行為招攬客戶。

規則 503：佣金

開業會員不得因介紹或推薦任何產品或服務給委託人而收受佣金，也不可因為佣金而推薦委託人之產品或服務給他人。

1. 會計師不得由：
   (1) 財務報表查核或核閱。
   (2) 財務報表代編。
   (3) 財務預測查核。
2. 會計師為另一會計師推介工作，可收取介紹費，但須向客戶公開介紹費之收付情形。

規則 505：開業方式及名稱

會員僅得以獨資、合夥或性質符合公費決議的專業公司組織方式執行會計師業務。會員不得以足以令人誤解的事務所名稱執行會計師業務。一位或數位已卸任的合夥人或股東的姓名，仍得以包含於後繼之事務所名稱中。事務所內如因合夥人或股東的死亡或退出，其留存的合夥人或股東仍得在變更為獨資後，繼續在原名稱（包含已卸任之合夥人或會計師）下開業，但為期不得超過兩年。事務所除非所內全體合夥人或股東均為協會會員，否則不得自稱「美國會計師協會會員」。

2-4 臺灣職業道德規範

我國會計師法第十五條：

會計師事務所之型態分為下列四種：

一、個人會計師事務所。

二、合署會計師事務所。

三、聯合會計師事務所。

四、法人會計師事務所。

臺灣的職業道德規範

職業道德規範公報第一號　中華民國會計師職業道德規範

壹、總則

第一條　會計師為發揚崇高品德，增進專業技能，配合經濟發展，以加強會計師信譽及功能起見，特訂定本職業道德規範（以下簡稱本規範）以供遵循。

會計師所屬之會計師事務所亦有相當之義務及責任，遵循本規範。

第二條　會計師應以正直、公正客觀之立場，保持超然獨立精神，服務社會，以促進公共利益與維護經濟活動之正常秩序。

會計師提供專業服務時應遵循本規範，其基本原則如下：

1. 正直。
2. 公正客觀。
3. 專業能力及專業上應有之注意。
4. 保密。
5. 專業態度。

第三條　會計師同業間應敦睦關係，共同維護職業榮譽，不得為不正當之競爭。

第四條　會計師應持續進修，砥礪新知，以增進其專業之服務。

第五條　會計師應稟於職業之尊嚴及任務之重要，對於社會及國家之經濟發展有深遠影響，應一致信守本規範，並加以發揚。

當會計師或其會計師事務所察覺可能有牴觸本規範之疑慮，若採取因應措施仍無法有效消弭或將疑慮降低至可接受之程度時，會計師與會計師事務所應拒絕該案件之服務或受任。

貳、職業守則

第六條　會計師、會計師事務所及同事務所之其他共同執業會計師對於委辦之簽證業務事項有直接利害關係時，均應予迴避，不得承辦。

第七條　會計師應保持職業尊嚴，不得有玷辱職業信譽之任何行為。

會計師執行業務時，應注意攸關法律規定之遵行。

第八條　會計師不得違反與委託人間應有之信守。

第九條　會計師對於委辦事項，應予保密，非經委託人之同意、依專業準則或依法令規定者外，不得洩露。

第十條　會計師不得藉其業務上獲知之秘密，對委託人或第三者有任何不良之企圖。

參、技術守則

第十一條　會計師對於不能勝任之委辦事項，不宜接受。會計師或會計師事務所於案件承接或續任時，應評估有無牴觸本規範。

第十二條　財務報表或其他會計資訊，非經必要之查核、核閱、複核或審查程序，不得為之簽證、表示意見，或作成任何證明文件。

肆、業務延攬

第十三條　會計師之宣傳性廣告，應依會計師法規定及中華民國會計師公會全國聯合會所規範之事項辦理之。

第十四條　會計師不得以不實或誇張之宣傳、詆毀同業或其他不正當方法延攬業務。

第十五條　會計師不得直接或間接暗示某種關係或以利誘方式招攬業務。

第十六條　會計師收取酬金，應參考會計師公會所訂之酬金規範，並不得以不正當之抑價方式，延攬業務。

第十七條　會計師相互間介紹業務或由業外人介紹業務，不得收受或支付佣金、手續費或其他報酬。

伍、業務執行

第十八條　會計師不得使他人假用本人名義執行業務，或假用其他會計師名義執行業務，或受未具會計師執業資格之人僱用執行會計師業務，亦不得與非會計師共同組織聯合會計師事務所。

第十九條　會計師事務所名稱不得與已登錄之事務所名稱相同。

第二十條　會計師承辦專業服務業務，應維持必要之獨立性立場，公正表示其意見。

第廿一條　會計師有關業務之任何對外文件，皆應由會計師簽名或蓋章。

第廿二條　會計師設立分事務所，應由會計師親自主持，不得委任助理員或其他人變相主持。

第廿三條　會計師不得妨害或侵犯其他會計師之業務，但由其他會計師之複委託及經委託人之委託或加聘者不在此限。

第廿四條　會計師接受其他會計師複委託業務時，非經複委託人同意，不得擴展其複委託範圍以外之業務。

第廿五條　會計師如聘僱他會計師之現職人員，應徵詢他會計師之意見。

第廿六條　會計師對其聘用人員，應予適當之指導及監督。

第廿七條　會計師執行業務，必須恪遵會計師法及有關法令、會計師職業道德規範公報與會計師公會訂定之各項規章。

陸、附則

第廿八條　本規範謹說明會計師職業道德標準之綱要，其補充解釋另以公報行之。

第廿九條　凡違背本規範之約束者，由所屬公會處理之。

第三十條　本規範經理事會通過後公布實施，修正時亦同。

重點懶人包

一、會計師要保持正直公正。

二、會計師不得和同業交惡。

三、會計師要遵守應有之法令規章。

職業道德規範公報第三號　廣告、宣傳及業務延攬

壹、前言

第一條　本公報係申述廣告、宣傳及業務延攬之補充解釋。

第二條　本公報依「中華民國會計師職業道德規範」第一號公報第廿八條之規定訂定。

貳、基本原則

第三條　會計師或會計師事務所（含分事務所，下同）除開業、遷移、合併、變更組織、受客戶委託、會計師事務所介紹及會計師公會為會計師有關業務、功能活動項目所為之統一宣傳等外，不得為宣傳性廣告。

第四條　會計師不得以不實或誇張之宣傳，詆毀同業或其他不正當方法延攬業務。

第五條　會計師相互間介紹業務或由業外人介紹業務，不得收受或支付佣金、手續費或其他報酬。

參、定義

第六條　本公報用語之定義如下：

廣　　告：係以各種傳播方式，對大眾報導會計師個人或其事務所之名稱、服務項目或能力，以爭取業務為目的者。

宣　　傳：係以各種傳播方式，對大眾報導有關會計師個人或其事務所之各項事實者。

業務延攬：係指與非客戶接觸以爭取業務者。

肆、說明

第七條　會計師或其事務所從事之廣告或宣傳，應以下列事項為限，並應符合第八條之規定：

1. 在各項媒體報導有關事務所開業、遷移、合併、變更組織啟事。
2. 刊登招考新職員之啟事。
3. 受客戶委託代為刊登之事項：
   (1) 招考職員。
   (2) 客戶權益事項之聲明。但該代為聲明事項，會計師應予查證或聲明未經查證。
4. 會計師事務所之介紹內容：
   (1) 事務所之名稱、標識、服務事項、員工活動、組織編制、地址、電話、傳真、網址及電子信箱。
   (2) 事務所執業會計師姓名、照片、所屬公會會籍號碼、學歷、經歷、電話、傳真及電子信箱。
5. 會計專業刊物，不得主動贈送給客戶以外之人。但應他人要求者，不在此限。
6. 事務所信封、信紙等文具用品，得列出事務所名稱、標識、地址、信箱號碼、執業會計師姓名暨電話、電子信箱及傳真號碼。
7. 發表著作時，得列出作者會計師之姓名及學經歷。
8. 舉辦訓練或座談會時，不得利用訓練教材或其他文件為會計師或其事務所作不正當之宣傳。

第八條　各項廣告或宣傳，均應符合下列精神：

1. 不得有虛偽、欺騙或令人誤解之內容。
2. 不得強調會計師或會計師事務所之優越性。
3. 應維持專業尊嚴及高尚格調。

第九條　會計師不得直接或間接暗示某種關係或以利誘方式延攬業務。

第十條　會計師不得以不正當之抑價方式延攬業務。

伍、實施

第十一條　本公報經中華民國會計師公會全國聯合會理事會通過後公布實施，修正時亦同。

重點懶人包

一、會計師理論上不得廣告。

二、例外情況如下：

1. 事務所開業、遷移、合併、變更組織。
2. 招考新職員。
3. 受客戶委託代為刊登：(1) 招考新職員；(2) 客戶權益事項之聲明。
4. 會計師事務所之簡介；會計師簡介。
5. 會計專業刊物，不得主動贈送給客戶以外之人。但應他人要求者，不在此限。
6. 發表著作時，得列出作者會計師之姓名及學經歷。
7. 舉辦訓練或座談會時，不得利用訓練教材或其他文件為會計師或其事務所作不正當之宣傳。

職業道德規範公報第四號　專業知識技能

壹、前言

第一條　本公報係申述會計師專業知識技能之補充解釋。

第二條　本公報依「中華民國會計師職業道德規範」第一號公報第廿八條之規定訂定。

貳、基本原則

第三條　會計師應不斷增進其專業知識技能，對於不能勝任之委辦事項，不宜接受。

參、說明

第四條　會計師在其執業期間，應維持足夠之專業知識技能。

第五條　會計師接受委辦事項，應善用其知識技能與經驗提供服務，並善盡專業上應有之注意。

第六條　會計師專業知識技能之培養，可分為下列兩個階段：

1. 專業知識技能之養成

   專業知識技能之養成，應有相關之專業教育與訓練，及適當之工作經驗。

2. 專業知識技能之維持及增進

   (1) 會計師應經常注意最新公布之會計、審計及其他有關資料，以及最新之有關法令規章等。

   (2) 會計師應持續進修，其助理人員並應接受專業訓練。

第七條　有關會計師及其助理人員之專業教育及訓練，除會計師自行辦理外，由會計師公會協助推行。

第八條　會計師事務所應有品質管制之政策及程序，以維持其專業服務之品質。

第九條　會計師對委辦之事項為維持服務品質，如有部分工作非其專業知識技能所能處理者，得尋求其他專家之協助。

肆、實施

第十條　本公報經中華民國會計師公會全國聯合會理事會通過後公布實施，修正時亦同。

一、會計師要保持新知，隨時學習。

二、事務所應舉辦員工訓練。

職業道德規範公報第五號　保密

壹、前言

第一條　本公報係申述保密之補充解釋。

第二條　本公報依「中華民國會計師職業道德規範」第一號公報第廿八條之規定訂定。

貳、基本原則

第三條　會計師不得違反與委託人間應有之信守。即使雙方的關係已告終止，保密性的責任仍應繼續。

第四條　會計師對於委辦事項，應予保密，非經委託人之同意或因法令規定者外，不得洩露，並應約束其聘用人員，共同遵守公報所規定之保密義務。

第五條　會計師不得藉其業務上獲知之秘密，對委託人或第三者有任何不良之企圖。

參、說明

第六條　會計師承辦之案件，主管機關認有必要，向會計師查詢或調閱有關資料時，會計師應依法辦理，並通知委託人。但法律禁止通知委託人者，不得為之。

第七條　會計師對於承辦之案件，不得為其個人或第三者之利益，而利用其經辦業務所獲之資料，對委託人或第三者有任何不良之企圖；除因法令（如個人資料保護法）或專業準則規定處理外，不得任意散播。

肆、實施

第八條　本公報經中華民國會計師公會全國聯合會理事會通過後公布實施，修正時亦同。

一、會計師不得洩漏客戶資料於他人。

二、會計師不得利用秘密向第三人有不良企圖。

職業道德規範公報第六號　接任他會計師查核案件

壹、前言

第一條　本公報係申述接任他會計師之查核案件時應注意之事項。

第二條　本公報依「中華民國會計師職業道德規範」第一號公報第廿八條之規定訂定。

貳、基本說明

第三條　會計師同業間應敦睦關係，共同維護職業榮譽，不得為不正當之競爭。

第四條　會計師接任他會計師查核案件時，應有正當理由，並不得蓄意侵害他會計師之業務。

第五條　前後任會計師對於查核案件之交接，應保持同業間良好之關係。

第六條　前後任會計師應本於超然獨立之精神，對其查核案件，公正表示意見。

參、說明

第七條　接任他會計師查核案件前，後任會計師應向前任會計師徵詢意見，前任會計師應本專業之立場據實以告。

第八條　後任會計師對於接任之查核案件，於取得委託人同意後，視事實需要，得向前任會計師商酌借閱工作底稿。

第九條　後任會計師對於接任之查核案件，其酬金以不低於前任會計師之酬金為原則。

肆、實施

第十條　本公報經中華民國會計師公會全國聯合會理事會通過後公布實施，修正時亦同。

一、會計師間不得為不正當之競爭。

二、接任案件前，會計師應向前任會計師徵詢意見，前任會計師應本專業之立場據實以告。

三、取得委託人同意後，視事實需要，得向前任會計師商酌借閱工作底稿。

職業道德規範公報第七號　酬金與佣金

壹、前言

第一條　本公報係申述酬金與佣金之補充解釋。

第二條　本公報依「中華民國會計師職業道德規範」第一號公報第十六條、第十七條之規定訂定。

貳、基本原則

第三條　會計師收受酬金，應參考會計師公會所訂酬金規範，並不得採取不正當之抑價方式，延攬業務。

第四條　會計師相互間介紹業務或由業外人介紹業務，不得收受或支付佣金、手續費或其他報酬。

參、說明

第五條　在決定酬金之金額或費率時，會計師得估量：

1. 委辦事項所需之專業知識與技能。
2. 委辦事項所需人員之專業訓練與經驗。
3. 委辦事項所需投入之人力與時間。

第六條　酬金按時或按日計算時，其金額之決定，應以委辦事項在正常之規劃、監督及管理下進行為原則。

第七條　會計師承辦業務，宜事先與委任人約定酬金，最好以書面方式為之，訂明酬金金額或費率及付款方式等。

第八條　會計師承辦財務報表查核簽證或核閱業務，不得簽訂下列或有酬金之合約：

1. 酬金之支付與否，以達成某種發現或結果為條件者。

2. 酬金之多寡，以達成某種發現或結果為條件者。

但酬金由法院或政府機關決定者，不在此限。

第九條　會計師因承辦案件所發生之墊付費用與酬金不同。可直接歸屬委辦事項之墊付費用，諸如規費、差旅費、郵電費、印刷費等，得於約定酬金外另行收取。

第十條　會計師因其他會計師退休、停止執業或亡故，概括承受其全部或部分業務時，對其他會計師或其繼承人所為之給付，不視為違反本公報第四條之規定。

肆、實施

第十一條　本公報經中華民國會計師公會全國聯合會理事會通過後公布實施，修正時亦同。

一、接任案件應考量能力、時間、成本效益。

二、承接案件不得有「或有酬金」。

審計服務為什麼不能有或有公費？

會計師的工作和一般大部分的工作性質方面有很大的差別，給付酬金給會計師的受查者公司，最希望會計師出具乾淨的無保留意見，就如同司法審判，被判決者都希望法官判無罪，但不同的地方是法官薪資是由國家給付，而會計師是由關係如同被判決者的受查人給付薪資，如果會計師審計工作涉及或有公費，是否代表受查者可能會以提高公費為誘因，要求會計師出具無保留意見。因此或有公費在審計服務是不被准許的，會計師的獨立性會因此受到影響。

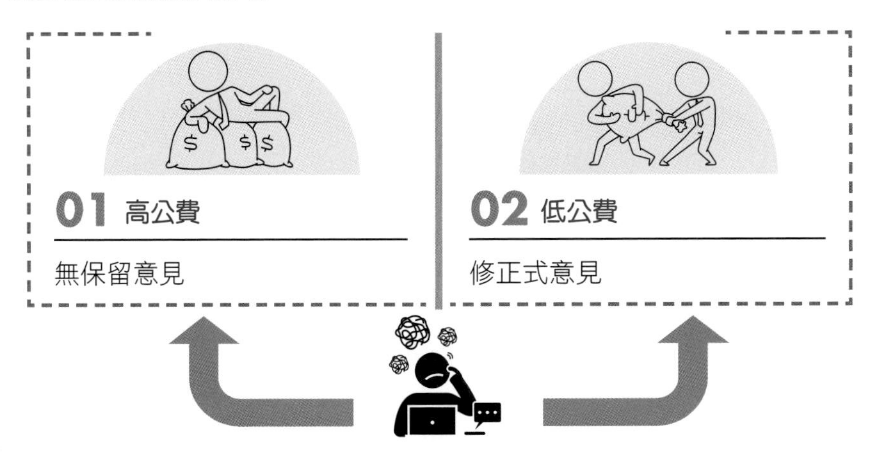

職業道德規範公報第八號　應客戶要求保管財物

壹、前言

第一條　本公報係申述會計師代客戶保管財物時應注意之事項。

第二條　本公報依「中華民國會計師職業道德規範」第一號公報第廿八條之規定訂定。

貳、基本原則

第三條　會計師因執行業務之必要，在不違反有關法令規定時，得保管客戶財物；但明知客戶財物係取之或用之於不正當活動，則會計師不應代為保管。

應客戶要求保管財物時，會計師應遵循洗錢防制法及其相關規定。

會計師或會計師所屬事務所如有代客戶保管財物時，應拒絕其審計案件之委任。

第四條　會計師受託保管客戶財物時應遵守下列原則：

1. 收到客戶財物時，應出具收據或保管條予客戶。
2. 客戶與會計師之財物應劃分清楚。
3. 客戶財物應依客戶指定之用途使用，但對於疑似或涉及洗錢或資恐行為時，應依法規處理。
4. 客戶財物之保管應隨時保持適當之紀錄。
5. 遵循相關法令規定執行保管作業，並依規定保留確認客戶身分所取得資料及交易紀錄。

參、定義

第五條　本公報用語之定義如下：

1. 客戶財物：係指會計師自客戶收取或其他方式取得，並依其指示持有或保管之現金、票據、證券、不動產及其他具財產價值之資產。
2. 客戶帳戶：係指會計師或以其會計師事務所名義開設專為處理客戶財物於金融機構開立之帳戶。

肆、說明

第六條　會計師應設置專為處理客戶財物之客戶帳戶。

第七條　會計師收到客戶受託保管之現金或票據時，應儘速存入客戶帳戶；收到受託保管之票據、證券、不動產及其他具財產價值之物時，應列帳記錄並善加保管。

第八條　客戶帳戶之收付，除依授權範圍辦理者外，應經客戶同意始得為之。但疑似或涉及洗錢或資恐行為之事項，會計師應依法規處理。

第九條　客戶應付受託會計師之各項費用，經客戶同意後得由客戶帳戶中提付。但客戶帳戶財產涉及洗錢防制法、資恐防制法規定之特定犯罪所得者，縱經客戶同意仍不得提付。

第十條　客戶財物預期將存放較長時間時，會計師應經客戶同意後將其存入可孳息或收益之帳戶。

第十一條　客戶財物所生之孳息或收益，扣除相關稅捐後之餘額歸客戶所有。

第十二條　會計師應對客戶帳戶之存提收付及結餘情形做成紀錄，以便隨時表達

所有及個別客戶財物之狀況。個別客戶財物存提收付及結餘明細表每年度至少應提供給客戶一次

伍、實施

第十三條　本公報經中華民國會計師公會全國聯合會理事會通過後公布實施，修正時亦同。

一、明知客戶財物係取之或用之於不正當活動，則會計師不應代為保管，且應遵循洗錢防制法及其相關規定。

二、代為保管時應清楚劃分，保持紀錄，出具收據予客戶。

職業道德規範公報第九號 在委託人商品或服務之廣告宣傳中公開認證

壹、前言

第一條　本公報係規範會計師在委託人商品或服務事項之廣告宣傳中，予以公開認證應注意或禁止之事項。

第二條　本公報依「中華民國會計師職業道德規範」第一號公報第二條、第七條、第十一條及第廿八條之規定訂定。

貳、基本原則

第三條　會計師於委託人商業活動之廣告宣傳中，對該商品或服務之價格、品質及其未來性，不得接受委託，予以公開認證，但對於商業活動確定之事實，予以認證，不在此限。

第四條　會計師對於社會公益性質之活動，於不涉及營利行為或性質，不違反會計師法及政府之法規事項，並取得書面協議或委託書，且經評估活動性質不會損及會計師職業尊嚴，主辦活動單位之社會形象良好，其制度運作情形，能有效管理及公正表達時，得公開列名為其認證。

參、定義

第五條　本公報用語之定義如下：

認證：係指在廣告宣傳活動中，予以具名監證、推荐等行為，以利於其活動之進行。

商業活動：係指企業或團體所進行之有形或無形營利等活動，包括：抽獎、摸彩、促銷、贈獎、週年慶等。

公益性質活動：係指非營利性且具公益性之活動，包括：義賣、義演、募款等，以籌集款項或相對資助之活動事項。

廣告宣傳：係指委託人以任何媒體（包括電視、廣播、電腦網路、電子布告欄、手機簡訊、報章、雜誌、海報及其他文宣品等），對特定人或不特定人進行訊息之傳遞或表達。

肆、說明

第六條　會計師在委託人商品或服務之廣告宣傳中，以其名義公開具名或列名表示予以進行認證行為時，由於會計師具有社會公正形象，為避免社會大眾產生過大期待與信賴而造成誤導作用，應本於超然獨立及本公報之精神，審慎評估其可能之影響。

第七條　會計師對於委託人之商業活動進行認證，應就其內容評估，且應不涉及價格、品質或未來性之認證，但對於商業活動確定之事實予以認證者不在此限。若發現委託人違背或超出委任內容，應即予制止，若委託人仍繼續者，應中止其認證之受任，並將中止受任之意思公告，以維護本身之超然獨立精神。

第八條　會計師於委託人之廣告宣傳中公開認證，並同時受託查核財務報表，委託人商品或服務事項廣告宣傳中，如列註財務報表係由該會計師簽證，會計師應予制止。

第九條　本公報於會計師事務所名義所為之認證時，亦適用之。

伍、實施

第十條　本公報經中華民國會計師公會全國聯合會理事會通過後公布實施，修正時亦同。

一、因會計師於社會大眾觀感中被認為是公正客觀的，因此對未確定之商業行為不得出具認證。

二、公益活動例外。

職業道德規範公報第十號　正直、公正客觀及獨立性

壹、前言

第一條　本公報係申述正直、公正客觀及獨立性之補充解釋。

第二條　本公報依「中華民國會計師職業道德規範」第一號公報第二十八條之規定訂定。

貳、基本原則

第三條　會計師對於委辦事項與其本身有直接或重大間接利害關係而影響其公正及獨立性時，應予迴避，不得承辦。

第四條　會計師提供財務報表之查核、核閱、複核或專案審查並作成意見書，除維持實質上之獨立性外，亦應維持形式上之獨立性。因此，審計服務小組成員、其他共同執業會計師或法人會計師事務所股東、會計師事務所、事務所關係企業及聯盟事務所，須對審計客戶維持獨立性。

參、說明

第五條　會計師應以正直、公正客觀之立場，保持獨立性精神，服務社會。

1. 正直：會計師應以正直嚴謹之態度，執行專業之服務。會計師在專業及業務關係上，應真誠坦然及公正信實。

2. 公正客觀：會計師於執行專業服務時，應維持公正客觀立場，亦應避免偏見、利益衝突或利害關係而影響專業判斷。公正客觀立場包括應於資訊提供與使用者間，不偏不倚，並盡專業上應有之注意。
3. 獨立性：會計師於執行財務報表之查核、核閱、複核或專案審查並作成意見書，應於形式上及實質上維持獨立性立場，公正表示其意見。

   實質上之獨立性係內在要求，必須以正直及公正客觀之精神，並盡專業上應有之注意，會計師除維持實質上之獨立性外，亦應維持形式上之獨立性。因此，審計服務小組成員、其他共同執業會計師或法人會計師事務所股東、會計師事務所、事務所關係企業及聯盟事務所，須對審計客戶維持獨立性，亦即就其係在客觀第三者之觀感而言，合理且可接受之程度下，維持公正客觀之獨立性。

第六條　獨立性與正直、公正客觀相關聯，如缺乏或喪失獨立性，將影響正直及公正客觀之立場。

第七條　獨立性可能受到自我利益、自我評估、辯護、熟悉度及脅迫等因素而有所影響。

第八條　獨立性受自我利益之影響，係指經由審計客戶獲取財務利益，或因其他利害關係而與審計客戶發生利益上之衝突。可能產生此類影響之情況，通常包括：

1. 與審計客戶間有直接或重大間接財務利益關係。
2. 事務所過度依賴單一客戶之酬金來源。
3. 與審計客戶間有重大密切之商業關係。
4. 考量客戶流失之可能性。
5. 與審計客戶間有潛在之僱佣關係。
6. 與查核案件有關之或有公費。
7. 發現事務所其他成員先前已提供之專業服務報告，存有重大錯誤情況。

第九條　獨立性受自我評估之影響，係指會計師執行非審計服務案件所出具之報告或所作之判斷，於執行財務資訊之查核或核閱過程中作為查核結論之重要依據；或審計服務小組成員曾擔任審計客戶之董監事，或擔任直接並有重大影響該審計案件之職務。可能產生此類影響之情況，通常包括：

1. 事務所出具所設計或協助執行財務資訊系統有效運作之確信服務報

告。

2. 事務所編製之原始文件用於確信服務案件之重大或重要的事項。
3. 審計服務小組成員目前或最近二年內擔任審計客戶之董監事、經理人或對審計案件有重大影響之職務。
4. 對審計客戶所提供之非審計服務將直接影響審計案件之重要項目。

第十條　獨立性受辯護之影響，係指審計服務小組成員成為審計客戶立場或意見之辯護者，導致其客觀性受到質疑。可能產生此類影響之情況，通常包括：

1. 宣傳或仲介審計客戶所發行之股票或其他證券。
2. 除依法令許可之業務外，代表審計客戶與第三者法律案件或其他爭議事項之辯護。

第十一條　熟悉度對獨立性之影響，係指藉由與審計客戶董監事、經理人之密切關係，使得會計師或審計服務小組成員過度關注或同情審計客戶之利益。可能產生此類影響之情況，通常包括：

1. 審計服務小組成員與審計客戶之董監事、經理人或對審計案件有重大影響職務之人員有親屬關係。
2. 卸任一年以內之共同執業會計師擔任審計客戶董監事、經理人或對審計案件有重大影響之職務。
3. 收受審計客戶或其董監事、經理人或主要股東價值重大之禮物餽贈或特別優惠。

第十二條　脅迫對獨立性之影響，係指審計服務小組成員承受或感受到來自審計客戶或因其他情事之恫嚇，使其無法保持客觀性及澄清專業上之懷疑。可能產生此類影響之情況，通常包括：

1. 客戶威脅提起法律訴訟。
2. 威脅撤銷非審計案件之委任，強迫事務所接受某特定交易事項選擇不當之會計處理政策。
3. 威脅解除審計案件之委任或續任。
4. 為降低公費，對會計師施加壓力，使其不當的減少應執行之查核工作。
5. 客戶人員以專家姿態壓迫查核人員接受某爭議事項之專業判斷。
6. 會計師要求審計服務小組成員接受管理階層在會計政策上之不當選擇或財務報表上之不當揭露，否則不予升遷。

第十三條　事務所及審計服務小組成員有責任維護獨立性，維持獨立性時應考量所執行之工作內容對獨立性之影響為何，並建立可消除前述影響或使其降低至可接受之程度措施。

第十四條　當確認對獨立性之影響為重大時，事務所及審計服務小組成員應採用適當及有效的措施，以消弭該項影響或將其降低至可接受之程度，並記錄該項結論。

第十五條　會計師或會計師事務所如未採取任何措施，或所採用之措施無法有效消弭對獨立性之影響或將其降低至可接受之程度，會計師應拒絕執行該審計案件，以維持其獨立性。

肆、實施

第十六條　本公報之施行細則詳附錄。

第十七條　本公報生效後，原職業道德規範公報第二號「誠實、公正及獨立性」不再適用。

第十八條　本公報經中華民國會計師公會全國聯合會理事會通過後公布實施，修正時亦同。

附錄：施行細則

本附錄之目的係為補充說明職業道德規範公報第十號「正直、公正客觀及獨立性」之內容，以提供審計服務小組成員、其他共同執業會計師或法人會計師事務所股東、會計師事務所、事務所關係企業及聯盟事務所等，在特定情況下應考量獨立性之情形及得採用之措施。惟會計師職業道德規範公報於會計師專業實務與執業環境上，因所執行之案件性質、客戶規模與公共利益影響程度、事務所規模組織，及牴觸或衝突之事實情況，於會計審計實務上無法將各特定情況一一臚列說明或規範，故必須藉助觀念性架構原則來進行審酌。當事務所或會計師與其審計服務小組成員於辨識可能存有牴觸或衝突之質疑時，即應採取有關措施來因應或防衛，將衝突或牴觸事項加以消弭或將其降低至可接受之程度。

本附錄共分為二部分，第一部分提供名詞定義及說明。第二部分則針對特定情況可能危害獨立性加以說明，並說明得採用之措施以消弭對獨立性之影響或降低至可接受之程度（係例釋性質且不以此為限）。

第一部分、名詞定義及說明

第二部分、特定情況之說明

一、財務利益

二、融資及保證

三、與審計客戶間之密切商業關係

四、家庭與個人關係

五、受聘於審計客戶

六、為審計客戶提供董監事、經理人或相當等職務之服務

六之一、重大之禮物餽贈及特別優惠

六之二、同一會計師長期持續提供上市（櫃）公司審計案件之服務

七、非審計業務：

(一) 記帳服務

(二) 評價服務

(三) 稅務服務

(四) 內部稽核服務

(五) 短期人員派遣服務

(六) 招募高階管理人員

(七) 公司理財服務

第一部分、名詞定義及說明

一、審計客戶

委託會計師執行審計案件之企業。如為股票上市（櫃）公司，則本公報所稱

之審計客戶應包括該企業之關係人。

二、審計案件

係指依一般公認審計準則執行查核或核閱程序，以對財務資訊提供高度或中度但非絕對之確信之確認性服務。

三、審計服務小組成員

審計服務小組其成員包括下列人員：

(一) 參與特定審計案件之主辦會計師及專業人員。

(二) 事務所內其他專業人員，其所執行之工作，將直接影響審計案件之結果者，包括：

1. 有權建議或決定審計案件會計師之薪資、酬勞或考核審計案件會計師績效之人員，通常包括主要管理人員至事務所之所長或相當職務人員。
2. 提供與審計案件有關之專業層面、行業特性、交易或相關事項之諮詢人員。
3. 執行審計案件品質控制之人員。

(三) 事務所關係企業之專業人員，其所執行之工作，將直接影響該審計案件之結果者。

於整體審計實務領域之專屬業務服務人員，泛稱為確信服務小組；依其個別服務案件性質，可區分如審計案件、核閱案件、稅務查核簽證案件，或其他確信服務案件，區分不同服務小組。

四、審計期間

審計期間亦稱之審計服務期間。事務所及審計服務小組成員，於執行審計案件之期間應維持其獨立性。審計期間通常始於審計服務小組成員開始執行審計服務，並結束於審計報告發出日。若審計案件具有循環性，循環期間皆屬於審計期間。

五、可接受之程度

係指理性且瞭解會計師專業實務之客觀第三者，於評估會計師及審計服務小組成員在當時情況下，所採取因應措施是否足以消弭或降低衝突至可接受程度，且對應遵循之各項基本規範未予妥協而言。

六、財務利益

係指權益證券或其他證券、公司債、貸款或其他債務工具，或利害關係，包括其權利及衍生之利益、義務等在內。

七、直接財務利益

（一）由個人或企業、事務所直接持有或有控制能力之財務利益。

（二）個人或企業、事務所藉由與他人共同投資所獲取之財務利益，而個人或企業、事務所對該共同投資具有控制能力。

八、間接財務利益

個人或企業、事務所藉由與他人共同投資所獲取之財務利益，而個人或企業、事務所對該共同投資並無控制能力。

九、家屬

係指配偶（同居人）及未成年子女。

十、近親

係指直系血親、直系姻親及兄弟姐妹。

十一、親屬

係指配偶（同居人）、直系血親、直系姻親及兄弟姊妹。

十二、主辦會計師

係指有權對所執行之審計案件簽發審計報告之會計師，即為該案件之主辦會計師。

十三、事務所關係企業

係指簽證會計師所屬事務所之會計師持股超過 50%，或取得過半數董事席次者，或主辦會計師所屬事務所對外發布或刊印之資料中，列為關係企業之公司或機構，或者事務所所屬聯盟及其聯盟事務所。

十四、案件品質管制複核

於報告前執行之程序，用以客觀評估案件服務團隊（案件服務小組）所作之重大判斷及報告所依據之結果的複核程序。

第二部分、特定情況之說明

一、財務利益

與審計客戶間有直接或重大間接財務利益，將產生自我利益之影響。其對獨立性之影響，說明如下：

（一）審計服務小組成員及其家屬

審計服務小組成員及其家屬，與該審計案件之受查客戶間有直接財務利益或重大間接財務利益時，只有在採取下列任一項措施方得消弭或使其降低至可接受程度：

1. 處分直接財務利益。
2. 處分全部間接財務利益或部分間接財務利益，使所剩餘之財務利益不具重大影響力。

3. 不得擔任審計服務小組之成員。

(二) 其他共同執業會計師及其家屬

其他共同執業會計師及其家屬，與事務所審計客戶間有直接財務利益或重大間接財務利益時，所產生自我利益之影響，只有在採取下列任一措施方得消弭或使其降低至可接受程度：

1. 處分直接財務利益。
2. 處分全部間接財務利益或部分間接財務利益，使所剩餘之財務利益不具重大影響力。

(三) 事務所及事務所關係企業

1. 事務所及事務所關係企業，與審計客戶間有直接財務利益時，將無任何措施可消弭自我利益對獨立性之影響。因此，事務所及事務所關係企業不應與其審計客戶間有直接財務利益之關係。
2. 事務所及事務所關係企業，與審計客戶間有重大間接財務利益，或對其審計客戶具有控制能力之他公司間有重大財務利益時，為消弭或降低對獨立性之影響至可接受程度，應採取處分全部或部分財務利益，使所剩餘之財務利益不具重大影響力。否則，應拒絕該審計案件之委任，以維持獨立性。

二、融資及保證

(一) 金融機構對擔任審計工作之會計師事務所或事務所關係企業之融資或保證，係於正常商業行為下進行時，此一融資或保證事項應不致構成對獨立性之影響。

(二) 金融機構對審計服務小組成員及其家屬，所提供之融資或保證，係依據正常商業行為時，此一融資或保證事項應不致構成對獨立性之影響。

(三) 事務所、事務所關係企業及審計服務小組成員存放於其查核金融機構之存款，係於正常商業行為下所為之者，則此一存款應不致構成對獨立性之影響。

(四) 事務所、事務所關係企業及審計服務小組成員，與非金融機構之審計客戶間有相互融資或保證行為時，其獨立性將受自我利益之影響，且無其他措施可使其降低至可接受程度。

三、與審計客戶間之密切商業關係

(一) 事務所、事務所關係企業及審計服務小組成員與審計客戶或其董監事、經理人間，有密切之商業關係，因涉及商業利益，可能會對獨立性產生自我利益及脅迫之影響。此類關係例如：

1. 與審計客戶或其具控制力之股東、董監事或經理人間有重大利益之策略聯盟。
2. 事務所或事務所關係企業將其服務項目或產品，與其審計客戶所提供之服務項目及產品結盟，並同時對外行銷者。
3. 事務所或事務所關係企業與其審計客戶間，相互為其產品或服務，擔任推廣或行銷之工作，而取得利益者。

除了前述利益及其商業關係並不重大而不影響其獨立性外，應採取下列措施消弭對獨立性之影響降低至可接受程度：

1. 終止與審計客戶間之商業關係。
2. 降低與審計客戶間之關係，使其利益或商業關係之影響降至最低程度。
3. 拒絕審計案件之委任。

(二) 審計服務小組成員與其審計客戶間，因密切之商業關係產生重大之利益時，則該成員不應參與審計案件之執行。

(三) 審計客戶在正常商業行為下，出售商品或提供勞務予事務所、事務所關係企業或審計服務小組成員，通常不會對其獨立性產生影響。但某些交易因性質或重要性而產生自我利益之影響時，除非該項影響並不重大，否則，應採取下列措施使其降低至可接受程度：

1. 消除或降低交易之重要性。
2. 不得擔任審計服務小組之成員。

四、家庭與個人關係

(一) 審計服務小組成員之家屬擔任審計客戶之董監事、經理人或對審計工作有直接且重大影響之職務，或於審計期間曾任前述職務者，則該成員不應參與此審計案件之執行。

(二) 審計服務小組成員之近親擔任審計客戶之董監事、經理人或對審計工作有直接且重大影響之職務，或於審計期間曾任前述職務者，其影響獨立性之程度視下列因素而定：

1. 該近親所擔任之職務。
2. 該名審計服務小組成員，於此案件中所擔任職務之程度。

事務所及審計服務小組應評估此項影響之重大性，除非其影響明顯不重大，否則，應採取下列措施使其降低至可接受程度：

1. 該成員不應參與此一審計案件之執行。
2. 調整審計服務小組成員之工作劃分，使該成員無法查核由其近親所負責之工作。

五、受聘於審計客戶

(一)事務所或審計服務小組成員擔任審計客戶之董監事、經理人或對審計工作有直接且重大影響之職務，將使其獨立性受到自我利益、熟悉度及脅迫之影響。如審計服務小組成員，確定於未來期間將擔任審計客戶之前述職務時，則其獨立性亦將受到影響。

(二)審計服務小組成員、會計師或事務所卸任會計師，受聘於審計客戶時，其影響獨立性之程度，視下列因素而定：

1. 於審計客戶中所擔任之職務。
2. 自事務所離職後至受聘於審計客戶之期間長短。
3. 過去於事務所中所擔任職務之重要性。

(三)對自我利益、熟悉度及脅迫影響之情況應加以評估，除非經評估其影響明顯不重大，否則應採取下列措施以使其降低至可接受程度：

1. 考量修改查核計劃之適切性或必要性。
2. 由獨立於審計服務小組以外之會計師或專業人員，評估所執行之查核工作或提供必要之諮詢。
3. 對該審計案件客戶執行品質控制之覆核。
4. 當已知審計服務小組成員，將於未來期間受聘於審計客戶時，該成員不應再參與該審計案件之執行。

六、為審計客戶提供董監事、經理人或相當職務之服務

會計師事務所、事務所關係企業之會計師或員工，提供審計客戶董監事、經理人或相當職務之服務時，對自我利益及自我評估之影響將會是重大且無法採用任何措施，消弭其對獨立性之影響或降低至可接受程度，唯有拒絕該審計案件之委任。

六之一、禮物餽贈及特別優惠

審計服務小組成員收受審計客戶之禮物餽贈或接受審計客戶之特別優惠時，可能產生自我利益、熟悉度及脅迫之獨立性立場影響；但其係屬正常社交禮俗或商業習慣之行為，且價值並非重大及無任何動機或意圖影響專業決策或獲取屬保密之資訊時，可視為係屬可接受之程度。於評估有重大影響時，應採取因應之措施，將可能衝突情況消弭或降低至可接受之程度：

(一)該成員不應再參與此一服務案件之執行。

(二)由事務所指派更高層級專業人員複核該審計服務小組成員所執行之查核工作。

(三) 對該審計客戶案件執行案件品質管制複核之程序。

(四) 與公司治理單位討論並取得認同。

(五) 終止或解除該案件之委任。

六之二、同一會計師長期持續提供上市（櫃）公司審計案件之服務

會計師長期間持續擔任同一上市（櫃）公司之審計案件主辦會計師，可能造成熟悉度之獨立性衝突情況。除非情況特殊經業務主管機關核准者外，應符合相關準則規定。

七、非審計業務

1. 對審計客戶提供非審計服務，可能影響事務所、事務所關係企業或審計服務小組成員之獨立性。因此，提供非審計服務時，更需要評估對獨立性之影響。

2. 對審計客戶提供非審計服務，如有下列情事，通常會增加自我利益、自我評估、辯護或脅迫之重大影響，應拒絕接受審計案件之委任：

(1) 提供服務之過程中，會計師可自行核准、執行或完成一項交易，或代客戶授權或直接擁有執行之權限。

(2) 會計師逕行為客戶作重大決策。

(3) 以客戶管理者之角色，向客戶董事會報告。

(4) 監管客戶之資產。

(5) 覆核客戶職員日常職務並評估其績效。

(6) 代客戶編製原始文件或資料，例如：採購單、銷售訂單等，以證實交易之發生。

(一) 記帳服務

1. 同時提供審計服務及記帳服務，除下列所述情況外，可能產生自我評估之重大影響，應拒絕接受審計案件之委任：

(1) 客戶確認會計紀錄為其責任。

(2) 未參與客戶管理營運決策。

(3) 執行審計時已執行必要審計程序。

2. 事務所或事務所關係企業不應對公開發行股票公司同時提供審計及記帳服務。

(二) 評價服務

1. 評價服務包括設定基本假設、應用方法及技術，以計算部分資產負債項目或企業整體之價值。

2. 事務所或事務所關係企業為其審計客戶提供評價服務，且此項評價

之結果將形成財務報表之一部分時，則可能產生自我評估之影響。

3. 評價之結果對財務報表之影響重大，且該項評估具高度主觀性時，應拒絕提供評價服務或審計服務之其中一項。
4. 評價結果對財務報表之影響並不重大，或不具高度主觀性時，所產生之自我評估之影響，可採用下列措施，使其降低至可接受程度：
   (1) 採用獨立於審計服務小組以外之專業人員，覆核該服務之結果。
   (2) 確認審計客戶瞭解此項評估之基本假設及所採用之方法，並取得客戶同意，將該項結果使用於財務報表上。
   (3) 執行評估工作之人員不應為審計服務小組成員。

(三) 稅務服務

稅務服務範圍，包括稅務諮詢、稅務規劃、稅務代理申報及協助審計客戶處理與稅捐機關之爭議等，並不會影響獨立性。

(四) 內部稽核服務

1. 內部稽核服務，係指與內部會計控制、財務系統或財務報表有關之內部稽核服務，不包括與營運面有關之部分。
2. 事務所或事務所關係企業協助或承接審計客戶內部稽核服務，可能產生自我評估之影響。
3. 依一般公認審計準則規範，為財務報表查核目的所執行之內部稽核相關工作，不會影響會計師之獨立性。
4. 提供與內部稽核服務有關之服務，應採取下列必要之措施，以使自我評估之影響降低至可接受程度：
   (1) 確認審計客戶瞭解內部稽核工作為其職責，且瞭解須負起建立、維護及監督內部控制系統之責任。
   (2) 確認審計客戶指派適任人員負責內部稽核工作。
   (3) 確認會計師所提供之建議可被審計客戶採納或執行。
   (4) 確認審計客戶之內部稽核執行程序之適切性。
   (5) 確認內部稽核之發現或建議，已適當的向董事會或監察人報告。

(五) 短期人員派遣服務

1. 事務所或事務所關係企業派遣內部員工，協助審計客戶執行工作，可能會產生自我評估之影響，故所派遣之人員不應涉及下列事務：
   (1) 客戶之管理決策。
   (2) 代客戶核准或簽署合約書或其他類似文件。
   (3) 得任意行使客戶職權，包括代客戶簽署支票。

2. 提供短期人員派遣服務時，應審慎分析及確認是否將影響獨立性。當提供審計客戶此一服務時，應執行下列措施，以降低自我評估之影響至可接受程度：
   (1) 對任何於派遣期間所執行之職務，不得由該名成員執行任何審計程序。
   (2) 審計客戶應負責指導或監督其工作。

(六) 招募高階管理人員

1. 代審計客戶招募對審計案件有直接且重大影響職務之高階管理人員，可能於目前或未來產生自我利益、熟悉度及脅迫之影響。
2. 事務所或事務所關係企業應評估此項影響之重大性，除非其影響明顯不重大，否則，應採取必要之措施以消弭該影響或使其降低至可接受程度。不論所採取之措施為何，事務所或事務所關係企業均不得為客戶作管理決策，包括不得代審計客戶決定最終聘僱之人選。

(七) 公司理財服務

1. 提供公司理財服務予審計客戶可能產生辯護及自我評估之影響。
2. 事務所或事務所關係企業提供下列服務予審計客戶，所產生辯護及自我評估對獨立性之影響，可能會重大至無任何措施可使其降低至可接受程度：
   (1) 推銷或買賣審計客戶發行之股票。
   (2) 代審計客戶承諾交易條件或代表客戶完成交易。
3. 事務所或事務所關係企業提供下列服務予審計客戶，所產生辯護及自我評估對獨立性之影響，可藉由採取適當之措施使其降低至可接受程度，例如：
   (1) 協助客戶發展企業策略。
   (2) 媒介客戶所需資金之來源。
   (3) 對交易內容提供結構性之建議及協助其分析會計面之影響。

   可採用之措施包括：
   (1) 制定內部政策及程序，禁止代客戶做出管理決策。
   (2) 提供服務之人員不應為審計服務小組成員。
   (3) 確認事務所並未承諾客戶交易條件或代表客戶完成交易。

影響會計師獨立性之情況

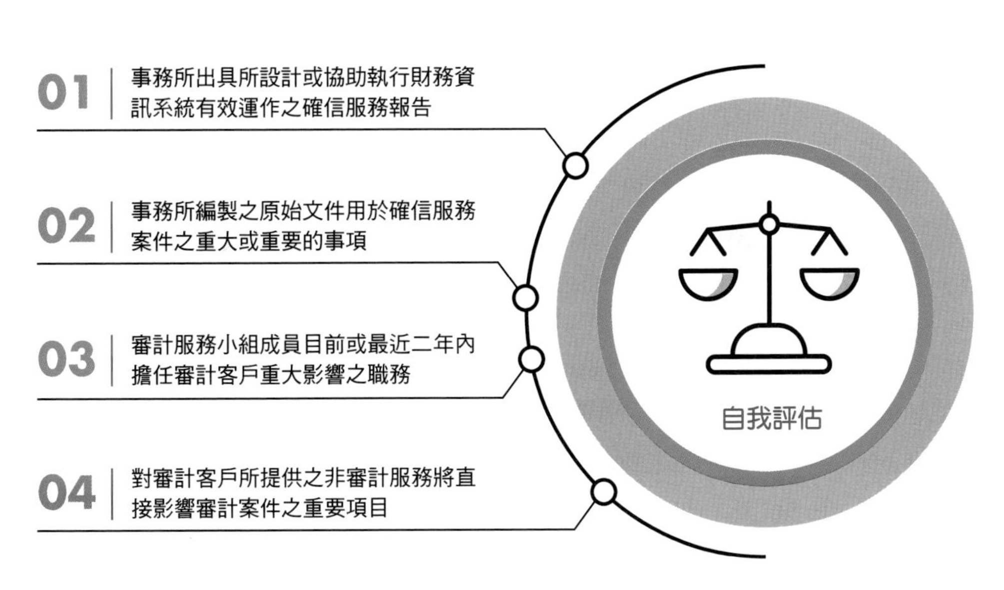

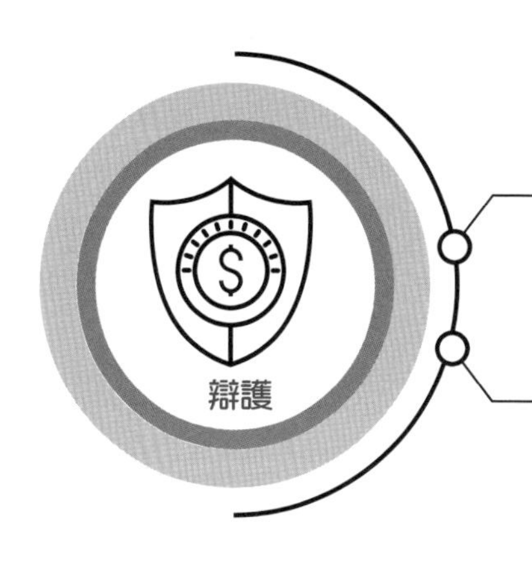

01 宣傳或仲介審計客戶所發行之股票或其他證券

02 除依法令許可之業務外，代表審計客戶與第三者法律案件或其他爭議事項之辯護

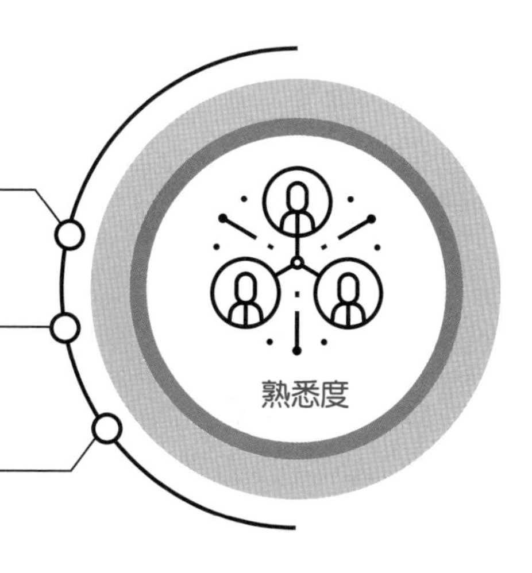

01 審計服務小組成員與審計客戶之董監事、經理人或對審計案件有重大影響職務之人員有親屬關係

02 卸任一年以內之共同執業會計師擔任審計客戶董監事、經理人或對審計案件有重大影響之職務

03 收受審計客戶或其董監事、經理人或主要股東價值重大之禮物餽贈或特別優惠

脅迫

01 客戶威脅提起法律訴訟

02 威脅撤銷非審計案件之委任，強迫事務所接受某特定交易事項選擇不當之會計處理政策

03 威脅解除審計案件之委任或續任

04 為降低公費，對會計師施加壓力，使其不當的減少應執行之查核工作

05 客戶人員以專家姿態壓迫查核人員接受某爭議事項之專業判斷

06 會計師要求審計服務小組成員接受管理階層在會計政策上之不當選擇或財務報表上之不當揭露，否則不予升遷

會計師的品質控制與法律責任

3-1 品質控制

會計係一項專業，專業必須維持其高水準之品質，若會計師事務所在今年查核某家公司，其品質良好，然而，在翌年因為某些因素而降低了事務所的審計品質，如此狀況對於欠缺專業訓練的一般人而言並無法發現，事實上，查核的結果或許與事實已有相當大之出入了。基於此一原因，會計師專業必須建立一套完整的品質控制機制，透過此一控制機制確保審計品質都能維持在高水準，無論是國內外，都已經有了這樣的體認，並建立起維持品質的控制制度。美國會計師協會（AICPA）對此品質控制發布了「品質控制準則公報」，我國審計準則公報第四八號「查核工作品質管制」亦作相類似之規定。

美國查核工作品質管制

項　目	基本目標	程序釋例
獨立性	事務所的人員必須符合 AICPA 執業行為規範的有關規定。	在接受新的委託人以前，應先調查事務所是否具獨立性。
人員的分派	審計工作需由具專業技術訓練的人員執行。	經理應定期開會，指派適當的人員執行未來工作。
諮詢	應尋求專家意見以解決複雜問題。	大型事務所設立「技術中心」，進行研究並提供各分事務所諮詢的服務。
督導	所有人員均應善加督導。	工作底稿應由高級審計員覆核，若發現任何缺陷應與編表者討論。
聘僱	應聘用能勝任的人。	聘用人員時，應由人事主管及審計部門合夥人就其工作範圍進行晤談。
專業發展	審計人員為了盡其責，必須不斷增進本身的專業知識。	每位專業人員，每年持續進修時數不得少於 40 小時。
升遷	晉升的人員必須有能力承擔新的工作與責任。	高級主管在每個審計合約結束後，都應對其人員進行評估，並將此結果納入人事檔案。

項　　目	基本目標	程序釋例
委託人的接受與維持	避免與不誠實的委託人扯上關係。	蒐集所有潛在委託人的背景資料，在接受委託人之前，合夥人應先開會討論。
檢查	對於所建立的品質控制程序應加以控制，以確保此項程序有效進行。	負責品質控制的合夥人應定期測試品質控制程序的運作。

臺灣查核工作品質管制

項　　目	政　　策	程　　序
查核人員之品質	查核人員應保持嚴謹公正之態度及超然獨立之精神	1. 指派專人負責辦理有關超然獨立之事項，並解決相關之問題。 2. 對本所同仁溝通超然獨立。 3. 超然獨立政策及程序之執行及檢討，例如：每年至少一次取得查核人員超然獨立聲明書。
查核人員之專業知識及技能	應指定專人或設置人事單位，負責甄選及任用具備必要專業知識及技能之查核人員。	1. 針對業務現況，預期成長率和人員流動率，規劃各階層人力之需求。 2. 建立各階層人員之甄選及任用標準。 3. 採取適當方法使新進人員瞭解本所品質管制及程序。 4. 建立專業人員持續進修辦法。 5. 協助各級專業人員適時瞭解新頒法令及專業資訊之內容。 6. 建立各級專業人員績效考核之標準。
工作分配	查核工作之分配應秉持超然獨立之精神外，並應視實際情況，由具備專業知識、技能及經驗，並經適當專業訓練之人員擔任之。	1. 對查核工作所需人力之整體規劃，應兼顧各級人員之能力及個人發展。 2. 指派適當人員，負責查核工作人力之調度。 3. 查核工作進度及人員調配情形應呈送主管核准，必要時，應提出受指派人員之姓名及資格。

項　目	政　策	程　序
工作督導	對各級人員之工作應予以適當指導、監督及覆核。必要時，應洽詢具有適當專業技術之人員。	1. 查核工作規劃。 2. 對各級人員做適當之督導，與覆核查核工作。 3. 提供各項諮詢，如新頒法令、專業圖書資料、專門知識之人員及外界專家。
查核案件之受任	接受新客戶或繼續接受原有客戶之委任前，應對該客戶進行評估。決定接受或繼續接受委任時應考慮本身之超然獨立、服務客戶之能力，客戶內部控制制度及管理階層之品德。	評估新客戶及受任之程序。 1. 蒐集並瞭解新客戶有關之財務資料，如年報、期中財務報表及所得稅申報書等。 2. 向新客戶之往來銀行、律師及其同業等查詢有關資料。 3. 與前任會計師聯繫，查詢下列事項： (1) 新客戶管理階層之操守。 (2) 管理階層與會計師對會計政策及查核程序。 (3) 其他重大事項有無意見之不同。 (4) 更換會計師之理由。 4. 考慮是否存有特殊風險或須特殊注意之情況，應採取適當措施消弭該項影響，或將其降低至可接受之程度。必要時，終止或拒絕該案件之委任。 5. 評估本所服務新客戶之能力。評估時，應考慮所需之專業技術，對該行業之瞭解及其他有關規定
追蹤考核	應追蹤考核查核人員品質管制政策及程序之執行成效。	1. 訂定追蹤考核程序，例如：項目、時間、步驟、選案標準。 2. 建立擔任追蹤考核者之資格條件，包括職位、經歷及專業知識。 3. 考核選查案件對本所查核品質管制政策及程序之遵循程度。 4. 追蹤考核之事項應做成工作底稿，連同已採行或建議採行之改正措施向本所管理階層報告。 5. 根據追蹤考核結果及其他相關事項，決定本所品質管制政策及程序是否應予修正。

3-2 會計師法律責任

一、對委託人之責任

1. 民法相關規定，受任人因處理委任事務有過失，或者是因為踰越權限之行為所生之損害，對於委任人應負賠償之責。
2. 會計師法規定會計師不得對於委任事件，有不正當行為或違反或廢弛其業務上應盡之義務。會計師有前述情事致委託人或利害關係人受有損害時，應負賠償責任。

二、對第三人責任

1. 民法相關規定，因故意或過失，不法侵害他人權利者，負損害賠償責任。故意以違背善良風俗之方法，加損害於他人者亦同。違反保護他人之法律者，推定其有過失。
2. 會計師法相關規定，會計師承辦財務報告之查核簽證，不得有下列之情事：
   (1) 明知委託人之財務措施有直接損害利害關係人之權益，而予以隱飾或作不實、不當之簽證。
   (2) 明知在財務報告上應予説明，方不致令人誤解之事項，而未予以説明。
   (3) 明知財務報告內容有不實或錯誤之情事，而未予更正。
   (4) 明知會計處理與一般會計原則或慣例不相一致，而未予以指明。

對第三人之責任

受查公司

會計師簽發查核報告時，主要是針對受查者財務報表是否有重大錯誤表示意見，且對受查公司未來一年的繼續經營能力表示意見。如投資人因為會計師未盡應盡之注意而做出錯誤的投資決策，投資人可以要求會計師負連帶賠償。

其他因不當意圖或職務上之廢弛，而致所簽證之財務報告損害委託人或利害關係人之權益。

3. 證券交易法相關規定，募集有價證券，應先向認股人或應募人交付公開說明書。違反前述規定者，對於善意之相對人因而所受之損害，應負賠償責任。
4. 公開說明書，其應記載之主要內容有虛偽或隱匿之情事者，會計師、律師、工程師或其他專門職業技術人員，曾在公開說明書上簽章，以證實其所載內容之全部或一部分，或陳述意見者，對於善意之相對人，因而所受之損害，應就其所負責部分與公司負連帶賠償責任。

三、連帶責任

1. 連帶責任是指根據法律規定或當事人有效約定，兩個或兩個以上的連帶義務人都對不履行義務承擔全部責任。因為會計師被社會大眾認為有深口袋，因此被認為較容易從會計師處獲得賠償。
2. 深口袋理論：是指管理者聘用會計師的目的是為了轉移部分財務披露的責任。這種假設主要來自：
   (1) 會計師和審計服務的接受者對審計作用理解的偏差。
   (2) 產品責任概念的擴展。在司法實踐中，當一項虛假會計訊息涉及到多個環節時，司法部門只能採取「非理性無限連帶責任」的判例原則，即誰最有能力承擔經濟賠償，就由誰來承擔責任，這也就是所謂的「深口袋理論」。

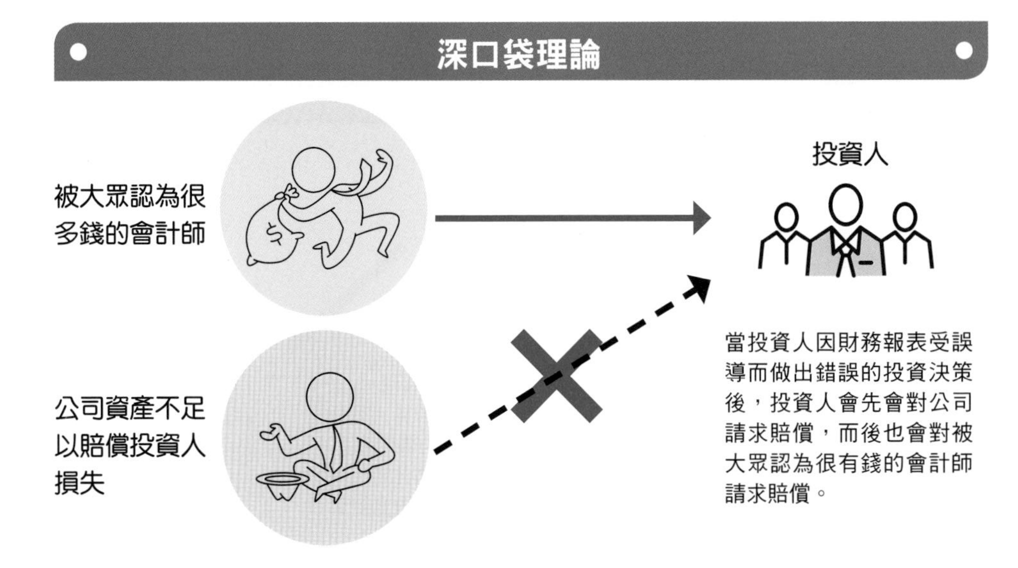

附錄　美國行為規則

規則 101：超然獨立（Independence）

「會員在執行公眾業務（Public Practice）時，應具備超然獨立的立場。」在超然獨立方面，此規則主要針對會員在執行公眾業務，如財務報表查核、審查預測性的財務報表或核閱企業期中財務資訊等簽證服務時，皆應保持超然獨立，如果會員是提供會計、稅務或管理諮詢服務等非簽證服務時，則無須保持獨立。

在規則 101 之下，尚包含了十四項關於超然獨立的解釋文，其內容主要包括：(1) 財務利益；(2) 企業關係；(3) 會員或會員事務所的意義；(4) 其他服務，如會計服務、延伸性的查核服務及管理諮詢服務；(5) 訴訟；(6) 委任客戶積欠公費等之影響。各項問題之重要討論如下：

101-1.　規則 101 之解釋：著重於損害超然獨立之財務利益與企業關係。

101-2.　前任執業人員及其事務所之超然獨立：指出事務所前任合夥人或股東之活動會損害事務所超然獨立之行為。

101-3.　會計服務：會員經常協助委任客戶，提供包括簿記及編製財務報表在內的會計服務。本解釋文指出委任客戶之管理階層應承擔之重要責任以維持會員之超然獨立地位。

101-4.　非營利組織之名譽或監察人頭銜：提供當會員受邀擔任簽證客戶之名譽董事或監察人時之指引。

101-5.　自同為委任客戶的財務機構借款及其相關名詞：若會員出借或自企業，或企業主管、董事及主要股東取得貸款，正常而言均會損害會員之超然獨立。此一解釋文說明一般規則之下若干特定例外的情況。

101-6.　進行中或擬進行訴訟對超然獨立的影響：說明因訴訟或擬提出訴訟被視為可能損害超然獨立的情況。

101-7.　（已刪除）

101-8.　會員與非委任客戶有財務利益，但其非委任客戶卻與會員之委任客戶存有投資或被投資之關係下，對會員超然獨立地位之影響：說明對委任客戶有重大影響之委任客戶，會員對其享有財務利益，可能損害對委任客戶超然獨立之各種方式。

101-9.　（已刪除）

101-10.　與包含在政府財務報表個體中的個體存有關係，其影響超然獨立的情況：一般而言，為政府委任客戶一般目的之財務報表簽發報告之會員必須維持與客戶之超然獨立。然而，若委任客戶在財務報表上與組織相關，且要求之揭露事項不包括財務資訊時，例如指派董事會成員之能力，並不要求與相關組織維持超然獨立。

101-11. 根據《簽證合約準則公報》（Statements on Standards for Attestation En-gagements, SSAEs）對某些服務做規則 101 超然獨立之適用性的修正：當委託合約的範圍較查核一般目的之財務報表更為受限時，提供對超然獨立之指引。

101-12. 超然獨立與委託客戶之協議安排：一般而言，若在執行專業合約或於表示意見時，會員或其所屬之事務所與委任客戶達成對事務所或客戶有重大影響之任何聯合企業活動，均被視為損及超然獨立。

101-13. 延伸的查核服務：許多企業均對外向會計師事務所尋求內部稽核服務。此一解釋文定義會計師事務所對委任客戶間，為維持超然獨立所必要之情況與關係。

101-14. 其他業務結構對超然獨立性適用之影響：由於會計師業務結構之改變，此一解釋文提供各種迴異於「傳統結構」的業務如何影響超然獨立之指引。

在規則 101-1 之解釋下，會員如有下列行為，將會損及其超然獨立：

1. 在專業合約期間中或表示意見時，會員及其事務所（Covered Member）：
   - A. 與受委託客戶存有直接或重大間接財務利益。
   - B. 是任何信託之信託人，或遺產的執行人或管理人，而此信託遺產已經取得或承諾取得受託客戶的直接或間接重大財務利益。
   - C. 與受委託客戶或其任何主管、董事或主要股東共同投資合營非公開上市公司，而此項投資佔會計師本身或其事務所淨值具有重大比例。
   - D. 與受委託客戶其任何主管、董事或主要股東有借貸情事，但解釋 101-5. 所特別允許者不在此限。
2. 執業合約期間或表示意見時，會員、會員所屬之事務所、會員之直系親屬（Immediate Family）或與其他人結合的團體，擁有委託客戶之流通在外股權或所有權超過百分之五者。所謂直系親屬包括配偶、配偶之眷屬及未成年受撫養親屬在內（根據 AICPA 職業道德規範第 92 節中對直系親屬的定義為：Immediate family is a spouse, spousal equivalent, or

dependent, whether or not related.）。

3. 財務報表所涵蓋的時間、執行專業合約期間或表示意見時，會員及其事務所：
   A. 任受委託客戶之發起人、證券承銷人、股權受託人、董事或具有相當於經理或員工等任何身分者。
   B. 任受委託客戶的任何退休或分紅信託（Profit-sharing Trust）的信託人。

規則 102：正直與客觀（Integrity and Objectivity）

「在執行任何專業服務時，會員必須維持客觀性及正直性，避免利益衝突，不故意曲解事實，其專業判斷不受他人左右」。此一規則適用於所有會計師公會會員，例如：一位服務於大企業的會計人員，其亦加入會計師公會，為會計師公會的一員，因此，該人員亦應遵守正直與客觀之規範，其所編製之財務資訊不可受他人左右或有扭曲之嫌。

規則 201：一般準則

會員應遵守下列經由理事會任命的團體所公布的準則及解釋，包括：

A. 適任能力：會員只能承接本人或事務所之專業能力範圍所及，並預期可以合理完成的合約。
B. 執業上應有之注意：會員執行專業服務時，應盡專業上應有之注意。
C. 規劃與督導：適當規劃與督導專業服務之進行。
D. 足夠的相關資料：提供專業服務後，取得足夠攸關的資料做為產生結論或建議的合理基礎。

這裡的一般準則適用於所有的會員，並非僅限於執行與公眾利益有關之業務（例如：簽證），而一般公認審計準則所談到的一般準則，則僅適用於查核業務，二者是完全不同的，本規則所強調的在於規範會員應具備充足專業能力，若有助理人員協同工作，在工作過程中亦應妥為監督指導，在執行業務時，應盡專業上應有之注意，此一專業注意的要求標準比一般人還要嚴格，目的即在於督促從業人員應謹慎小心執行工作，以維持最高服務水準。

規則 202：遵行準則

「執行審計、核閱、代編、管理諮詢、稅務或其他專業服務的會員，應遵行理事會指定團體所頒布的準則。」

規則 203：會計原則

「如果個體之財務報表或財務資料違反了理事會指定團體所制定的原則，並且因而對財務報表或財務資料整體有重大影響時，會員不得肯定陳述或表示意見，說明個體之財務報表及財務資料，係依一般公認會計原則所編製。或聲稱其未發覺為使財務報表或財務資料符合一般公認會計原則而必須做的重大修正。但如果會員能證明報表或資料違反之情形，係基於若不如此將引人誤解的特殊情況時，會員可遵照規則，敘述違反情形及其影響，如果可能，亦應敘述其遵守原則可能會導致誤解的原因。」

規則 301：對客戶資訊保密

「未經委託人特別允許，執行公眾業務的會員不得揭露任何屬於客戶機密性的資訊。本規則不得解釋為：減輕會員在規則 202 與 203 下所負之義務；以任何方式影響會員遵守法院傳票或傳訊的義務；禁止美國會計師協會或州會計師協會授權之會員同業覆核評鑑執業之情形；會員得抱怨或拒絕公認調查或紀律團體的詢問。公認調查或紀律團體以及執行同業覆核的會員，不得因本身利益而公開在執行這些活動時所得知之委託人機密性資訊。但此禁令不限制公認調查或紀律團體或同業評鑑小組的資訊交換。」

規則 301 強調會計師應對客戶資訊加以保護，由於會計師因業務需要之因素，和客戶往來密切，且通常所接觸到的層級都屬於決策階層，因此對公司經營狀況非常瞭解，而客戶必須將其所有的交易實況包括好的以及不好的據實向會計師說明，因此會計師必須要承諾絕不洩漏任何資訊給外界，方能得到客戶之信任，這種專業道德並非只有會計師專業特有，例如：律師、醫師甚至是在宗教界裡受告解的牧師等，都必須具有相同的保密道德。

規則 302：或有公費（Contingent Fees）

1. 執行公開業務的會員不得向本身或其事務所承辦下列服務的客戶收取或有公費，或以收取或有公費的方式提供下列任何專業服務：
   - A. 查核或核閱財務報表。
   - B. 代編財務報表，且在會員可以合理預期有第三者將會使用此財務報表，並且會員未在代編報告中揭示缺乏獨立性的情形之下。
   - C. 審查（Examine）預測性的財務資訊。
2. 以或有公費方式，代任何委託人填寫或修正稅捐申報書或退稅申請書。

上述中禁止規定所適用的期間為，該會員或所屬之事務所所提供上述服務之期間，以及上述服務所涉及之過去財務報表所涵蓋之時間。或有公費的定義為根據協議所訂定的公費來提供服務，協議的內容中訂明，除非達成某種特殊發現或結果，否則不支付公費；或公費金額的多寡取決於服務後所獲得的結果或發現。如果公費係由法院或其他公務機構所訂定者，或在稅務案件中須待訴訟結果，或須由政府機關判定者，則可認為不具備或有性質。

規則 501：玷辱行為（Acts Discreditable）

「會員禁止從事有辱專業的行為。」所謂玷辱行為，係指會員所從事之行為會損害到專業形象及公會名譽。在專業規範的解釋中曾提及，例如：查核完畢後未交還會計帳冊與委託人、僱用員工時有差別待遇、未遵行準則、散布或洩漏會計師考題及答案等均屬於玷辱行為。當會員有玷辱行為發生時，美國會計師公會會予以停業或除名的處分。

規則 502：廣告和其他招攬業務方式

「執行公眾業務的會員禁止以錯誤、誤導或詐欺等方式進行宣傳或業務招攬，以爭取客戶，並且禁止運用威脅、哄騙或騷擾行為招攬客戶。」在美國，有些公會會員認為不應以廣告方式招攬生意，這樣將有損專業形象，然而，仍有些會員認為此規定過於嚴苛，只要所採用的廣告並無詐欺或不實之宣傳，則應在合理範圍內允許廣告行為。

規則 503：佣金及介紹費

禁收之佣金：執行公眾業務之會員，不得因介紹或推薦任何產品或服務給委託人而收受佣金，也不可因為佣金而推薦委託人之產品或服務給他人。會員及會員所屬之事務所在執行以下活動時，不得收取佣金：

A. 查核或核閱財務報表。
B. 代編財務報表，且在會員可以合理預期有第三者將會使用此財務報表，並且會員未在代編報告中揭示缺乏獨立性的情形之下。
C. 審查（Examine）預測性的財務資訊。

此規則所指適用的期間為，該會員或所屬之事務所所提供上述服務之期間，以及上述服務所涉及之過去財務報表所涵蓋之時間。

合理收受之佣金之公開：除本規則所禁止收受佣金的情況以外，執行公眾業務的會員不論為賺取佣金而提供服務或因服務而收受佣金，也不論已付或將付，均應公開會員向任何人或個體因推介產品、勞務而賺取佣金的事實。

介紹費：會員因推介其他會員與任何個人或個體而收受介紹費，或因取得新客戶而支付介紹費時，均應向客戶公開收付情形。

規則 505：開業方式及名稱

「會員僅得以獨資、合夥或性質符合公費決議的專業公司組織方式執行會計師業務。會員不得以足以令人誤解的事務所名稱執行會計師業務。一位或數位已卸任的合夥人或股東的姓名，仍得以包含於後繼之事務所名稱中。事務所內如因合夥人或股東的死亡或退出，其留存的合夥人或股東仍得在變更為獨資後，繼續在原名稱（包含已卸任之合夥人或會計師）下開業，但為期不得超過兩年。事務所除非所內全體合夥人或股東均為協會會員，否則不得自稱『美國會計師協會會員』。」此項規定目前在某些州已經不適用，由於 1990 年代以來，會計師事務所被投資人控告所蒙受之損失難以估計，甚至認為會計師是所謂「深口袋」，可以承受巨額索賠的肥羊，因此，某些州開放會計師事務所能夠以有限責任合夥（LLP）或是有限公司（LLC）方式成立。

學校沒教的會計潛規則

當會計師被投資人提告後，法院會對會計師是否有盡應盡的義務做出裁決，但法官是法律上的專家，卻並非會計、審計專業方面的專家，他們要如何評斷會計師是否有盡應盡的義務？在司法體系中，法官面對到不同的專業就會聘請專家，而這位專家也會是會計、審計專業方面的專家，因此在法院評斷會計師有沒有失責的方法將會是詢問另一位會計師，由此可見，會計師在同業中保持和諧對每個會計師來説是非常重要的。

Chapter 4

接受委託及規劃查核

4-1 查核是什麼

查核委託可分為四個獨立階段：

1. 接受查核委任（Accepting the Audit Engagement）。
2. 規劃查核工作（Planning the Audit）。
3. 執行查核測試（Performing Audit Tests）。
4. 報告所發現的事實（Reporting the Finding）。

查核各階段及查核環境

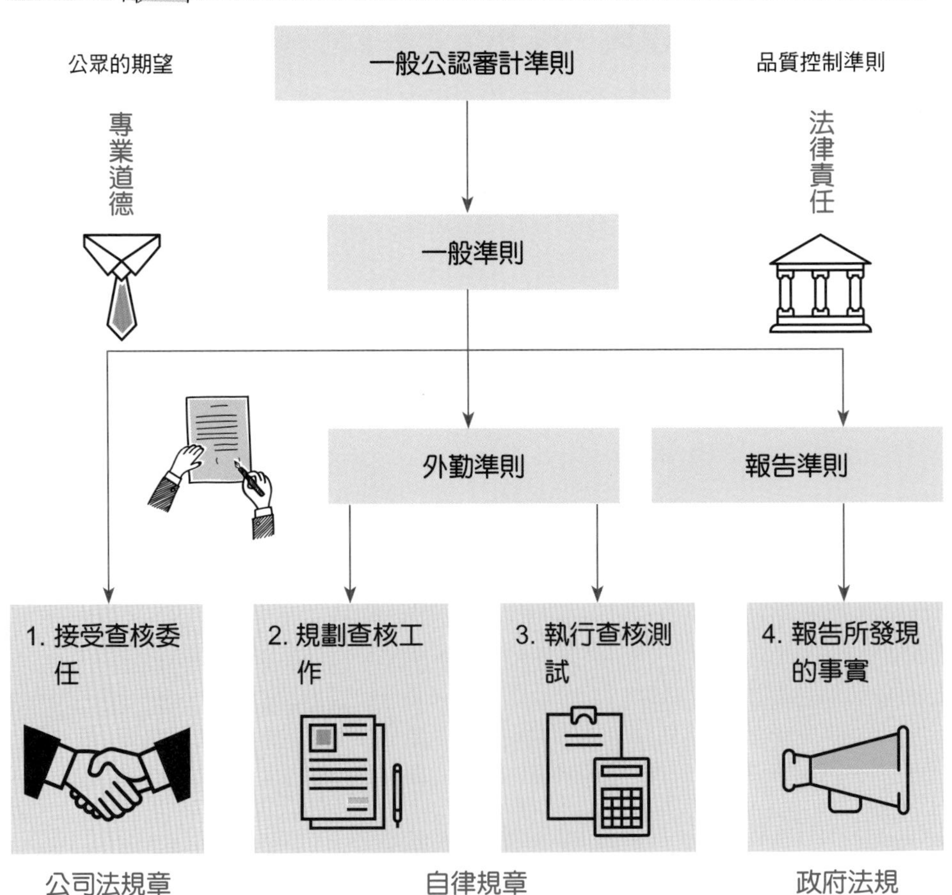

4-2 財務報表審計流程

一、接受查核委任

財務報表查核的第一個階段要決定是否接受新客戶或是繼續保留原有客戶。審計人員應依一般公認審計準則之一般準則決定是否接受一新委託客戶或舊委託客戶之審計合約。

二、規劃查核工作

查核的第二個階段是發展一個指導查核和決定查核範圍的策略。查核規劃對於一個成功的查核委託而言是十分重要的，一般準則及外勤準則皆適用於此階段。查核規劃通常在客戶財務年度結束前的三至六個月作成。

三、執行查核測試（蒐集證據）

查核的第三階段是執行查核測試，此階段稱為執行外勤工作，因為這些測試通常是在客戶處執行的。此階段的主要目的在於獲取有關客戶內部控制結構的有效性及其財務報表是否允當表達的證據。一般準則及外勤準則均適用於此階段。此階段是查核工作的主要部分。查核測試的執行，傳統上是由客戶財務年度結束前的三至四個月開始，而至客戶財務年度結束後的一至三個月截止。

四、報告所發現的事實

此乃查核工作的第四個階段（也是最後的階段）。查核報告通常於外勤工作完成後的一至三星期內發出。根據查核所發現事實，查核人員必須在一般準則及報表準則的規範，依據查核人員專業判斷，出具查核報告，查核報告可能是標準式無保留意見或以外的報告型態。

財務報表審計之流程

4-3 接受審計委任之流程

審計人員應依審計準則之一般準則規定決定是否接受一新委託客戶或舊委託客戶之審計合約。

接受委任應執行步驟流程圖

評估管理當局正直性 → 確認特殊環境及不尋常風險事項 → 評估事務所執行查核之能力 → 評估事務所之超然獨立性 → 決定專業上應有之注意 → 準備委託書

財務報表查核的主要目的是對管理當局的財務報表表示意見，所以只有在管理當局是可以信賴的情況下，才可接受查核委託。若管理當局缺乏正直性，則編製財務報表所運用的會計程序很有可能發生重大錯誤及舞弊，結果可能增加對誤述的財務報表表示無保留意見的風險。

1. 前任會計師，係指因故與委託人停止財務報表查核工作之會計師；所稱繼任會計師，係指已接受委任人之委任，以接替財務報表查核工作之會計師。
2. 繼任會計師應主動與前任會計師聯繫，其方式可採口頭或書面為之，雙方因聯繫而獲取有關委任人之資訊均應予保密，繼任會計師如未接受委任，仍應履行保密之義務。
3. 依照會計師職業道德規範公報第五號規定，會計師未經委任人同意或有正當理由，不得洩漏其在查核過程中獲得有關委任人之資訊。因而，繼任會計師與前任會計師聯繫前，應先經委任人同意，請前任會計師答覆。如委任人不表同意或限制前任會計師答覆時，繼任會計師應詢問其理由，以決定是否接受委任。

繼任會計師應向前任會計師詢問有關委任人之資訊，供作是否接受委任之參考。詢問事項通常包括：

(1) 管理階層之品德。

(2) 前任會計師與管理當局對會計原則、查核程序及其他有關事項是否存有歧見。

(3) 委任人更換會計師之原因。

會計師接任客戶時應考量之事項

A. 翻閱前期底稿。
B. 評估受查者環境是否改變。

有前任會計師：
主動聯繫前任會計師。
無前任會計師：
取得必要資訊。

大西洋飲料是臺灣相當知名的飲料生產公司，主要的產品為「蘋果西打」，該家公司因為涉嫌掏空被資誠聯合事務所出具無法表示意見，大西洋飲料公司立即終止委任資誠聯合會計師事務所，之後更換成南臺聯合會計師事務所簽證，更換會計師所要面臨的情況和背後原因都是我們值得作為審計探討的。

4-4 準備委任書

一、審計委任書的意義

審計委任書係指會計師與委任人所簽訂之書面約定，以確認查核之目的及範圍、會計師與委任人雙方之責任及查核報告之形式等。

編製允當之財務報表、維持良好內部控制以確保財務報表沒有錯誤和舞弊是管理階層之責任，會計師的責任只是對該等事項蒐集證據取得合理確性。因此在接受委任前，就應該確保雙方責任並沒有誤解，書面證據也可以保障雙方的權益。

二、審計委任書取得時點

會計師進行查核前，宜先取得審計委任書，以免雙方對委任之內容產生誤解。

三、審計委任書訂定目的

1. 表明委託人同意接受會計師審計服務之書面憑證。
2. 避免誤解審計工作之內容。

四、審計委任書之內容

審計委任書之內容應包括下列各項：

1. 查核範圍之詳細描述，包括適用之法令規定、審計準則公報及會計師職業道德規範。
2. 擬就查核結果作其他溝通之形式。
3. 查核報告中溝通關鍵查核事項之責任（如適用時）。
4. 即使已依一般公認審計準則適當規劃及執行查核，惟因查核及內部控制均受先天限制，故仍存有無法偵出某些重大不實表達之風險。
5. 查核規劃及執行之安排，包括查核團隊之組成。

6. 管理階層同意出具書面聲明。
7. 管理階層同意提供查核人員其所知悉與財務報表編製（含揭露）攸關之所有資訊。
8. 管理階層同意及時提供查核人員自結財務報表，包括與編製（含揭露）攸關之所有資訊（不論其是否來自總分類帳及明細分類帳），俾使查核人員能依預計時程完成查核。
9. 管理階層同意向查核人員告知，其於查核報告日後至財務報表發布日前所獲悉可能影響財務報表之事實。
10. 酬金之計算基礎及收款方式。
11. 查核人員要求管理階層確認已收到委任書，並同意委任書中所列之條款。

下列與查核有關之事項亦得視需要列入審計委任書：

1. 其他查核人員或專家參與工作之安排。
2. 受查者之內部稽核人員或其他員工參與工作之安排。
3. 首次受託查核之案件，與前任會計師間聯繫之安排。
4. 會計師賠償責任之限制。
5. 查核人員與受查者間之額外協議。
6. 提供查核工作底稿予第三方之義務。

五、對子公司或分支機構之查核

母公司或總公司委任之會計師若同時擔任其子公司或分支機構財務資訊之查核工作時，應考慮下列因素，以決定是否與子公司或分支機構另行簽訂審計委任書：

1. 有權決定此項委任者是否相同。
2. 是否須另行單獨簽發查核報告。
3. 由其他會計師執行查核工作之程度。
4. 母公司持有股權百分比。
5. 法令規定。

會計師如果隨便接客戶，有可能會有被告的風險，因此在簽約前要做好適當的評估，而評估到簽約的流程如下：

評估到簽約之流程圖

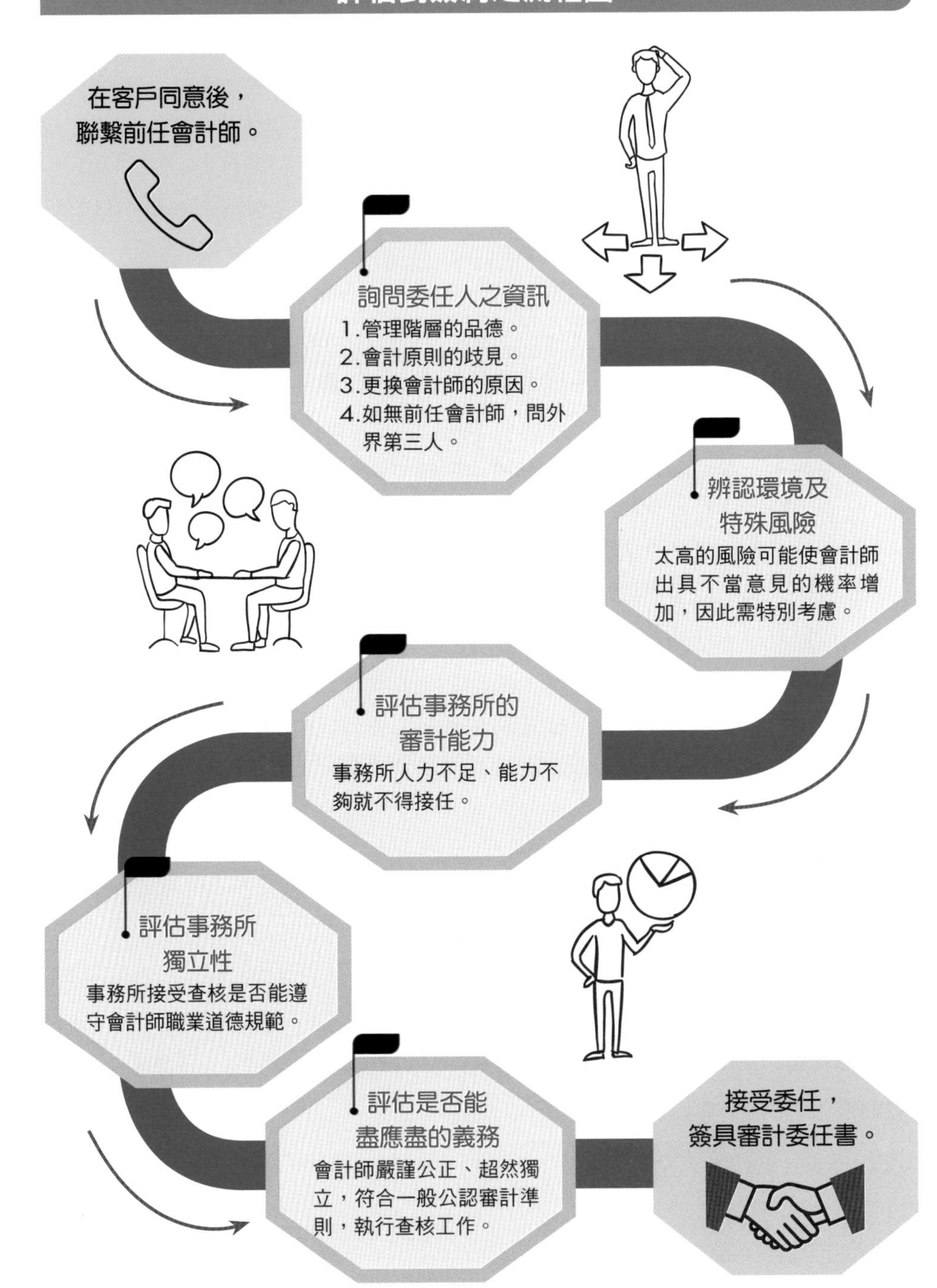

在客戶同意後，
聯繫前任會計師。
詢問委任人之資訊
1.管理階層的品德。
2.會計原則的歧見。
3.更換會計師的原因。
4.如無前任會計師，問外界第三人。
辨認環境及
特殊風險
太高的風險可能使會計師出具不當意見的機率增加，因此需特別考慮。
評估事務所的
審計能力
事務所人力不足、能力不夠就不得接任。
評估事務所
獨立性
事務所接受查核是否能遵守會計師職業道德規範。
評估是否能
盡應盡的義務
會計師嚴謹公正、超然獨立，符合一般公認審計準則，執行查核工作。
接受委任，
簽具審計委任書。

4-5 分析性複核程序

一、分析性複核程序意義

分析性複核係就重要比率或金額及其趨勢加以研究，並對異常變動及異常項目調查之證實查核程序。

大神突破盲點

查核人員於查核過程中會採用分析性程序，舉例而言，公司每年的淨利率通常為 5%，今年突然變成 3%，這樣的變化就是查核人員須考慮的事項，而比較預期的 5% 和今年的 3% 之間的差異就是分析性程序。

二、分析性複核程序之目的

1. 瞭解受查者之業務經營狀況。
2. 發現具潛在風險之事項。
3. 評量交易及各科目應抽查之程度。
4. 發現須進一步查核之事項。
5. 印證各項目之查核結論。
6. 實施財務資訊之全盤複核。

三、分析性複核程序時機

分析性複核可於下列時機實施：

1. 初步規劃時：協助查核人員決定其他證實查核程序之性質、時間與範圍。
2. 查核過程中：與其他證實查核程序配合運用。
3. 作成查核結論時：協助查核人員印證查核結論。

四、分析性複核程序方法

分析性複核之方法，通常如下：

1. 比較本期與上期或前數期之財務資訊。

會計師為什麼這麼在意受查者的品德？

會計師在整個查核過程中常常需要受查者的協助，當會計師對受查者品德存有疑慮的話，在整個查核過程中必然難以取得足夠及適切之證據，因此當會計師認為受查者品德不可信任，應拒絕委任。

2. 比較實際數與預計數。
3. 分析財務報表各重要項目間之關係，例如：毛利率、存貨週轉率及應收帳款週轉率等。
4. 比較財務資訊與非財務資訊之關係，例如：薪資與員工人數之關係。

分析性複核程序之目的

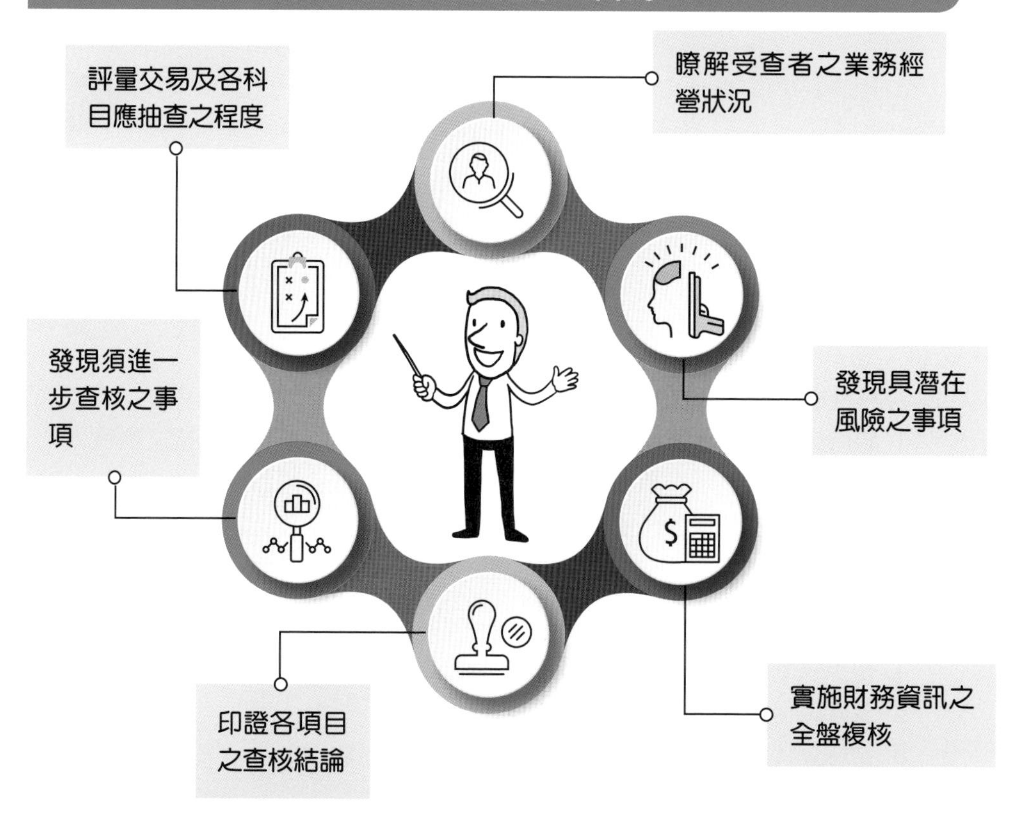

分析性複核時機

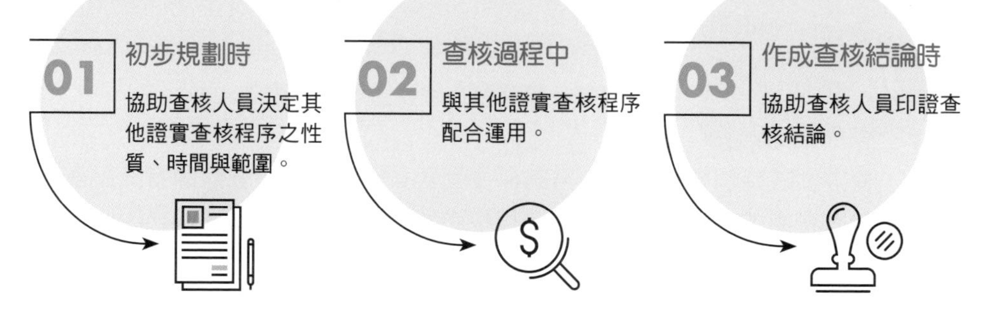

重大性、查核風險及初步查核策略

5-1 重大性

一、何謂重大性

重大性意指會計資訊之遺漏或不當表達的程度，以周遭環境的觀點考量之，足以使理性決策者受此遺漏資訊，而改變或影響其決策。換言之，該項資訊的重要性大到足以影響決策。公報所稱重大性，係指財務報表中不實表達之程度很有可能影響使用該財務報表人士之判斷者。

二、初步規劃重大性

審計人員於規劃查核之初，必須對重大性水準做一初步的判斷。由於周遭環境可能改變及於查核過程中可能會獲得委託客戶的額外資訊，因而規劃時的重大性水準最後可能會不同於評估查核發現結果時所用的重大性。規劃一項查核時，審計人員須從兩方面評估重大性：

1. **財務報表整體重大性**

   審計人員考量財務報表整體，出具允當性查核意見。

   財務報表重大性指財務報表整體的最小錯誤，重大到足以令財務報表無法依一般公認會計原則允當表達。對重大性進行初步判斷時，審計人員應該先確定每張報表之重大性總和整體水準，且使用各財務報表中有重大影響的誤述金額最低為最小重大性金額。

2. **個別金額之重大性**

   審計人員初步判斷財務報表重大性之後，將其分配至各科目之間，便可得到科目餘額的重大性。這項分配包括分配至資產負債表及損益表的科目。然而，由於大部分損益表的誤述會影響資產負債表，且資產負債表的科目較少，因此許多審計人員以資產負債表科目作為分配的基礎。在作分配時，審計人員必須考量：(1) 此科目誤述的可能性；(2) 驗證此科目的可能性。

學校沒教的會計潛規則

會計師在執行查核工作時，沒辦法確定受查者的財務報表一定正確，但至少要在大部分的情況下都會正確，這時候會計師就會設定一個重大性。會計師在認定公司財務報表發布後是否會影響財務報表使用者為判斷標準，例如：資產 1 億元的公司多或少 100 元並不會使財務報表使用者作出錯誤判斷，這時 100 元就沒有超過重大性。

評估重大性

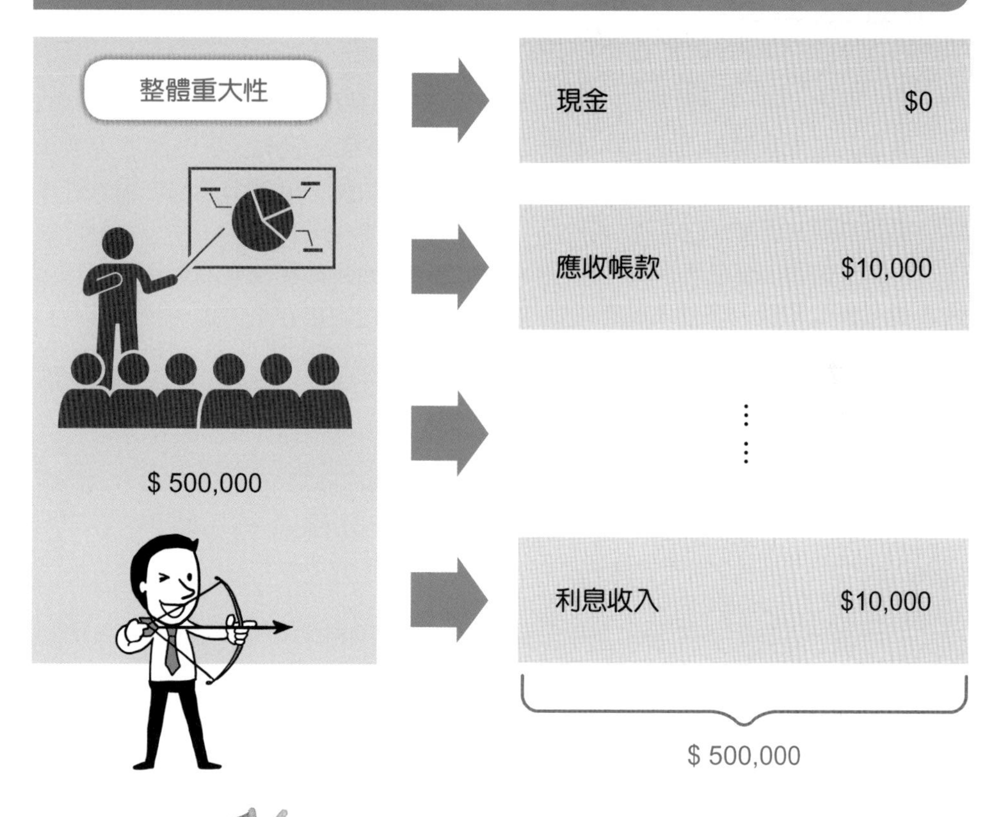

大神突破盲點

為什麼會計師不完全對所有財務報表的錯誤追根究柢呢？這樣對投資人不是比較有保障嗎？其實是因為成本效益和社會價值的考量，如果會計師對每筆資料都要求公司完全正確，會增加會計師查核成本，相對也會增加受查公司的審計公費，這些增加的成本通常會大於所增加的社會利益。

重大性是由會計師專業判斷決定，在整個查核過程中會需要常常用到重大性的概念，包括：

1. 規劃及執行查核工作。
2. 評估所辨認不實表達對查核之影響。
3. 評估未更正不實表達對財務報表之影響。
4. 形成查核意見。

5-2 查核風險

查核風險 (AR, Audit Risk)**，是指會計師簽發不當意見之可能性。**

查核人於規劃查核工作時，應根據對受查者事業之瞭解，評估整體查核風險，以擬定查核策略及人員配置，並作為評估各科目餘額或各類交易之重大性標準及查核風險之參考。

評估整體查核風險時，亦應考量同時影響若干科目餘額或交易類別之事項，如繼續經營能力等。查核人員應根據整體查核風險之評核結果，進一步考量各科目餘額或交易之查核風險，以擬定其查核程式。

查核風險的組成

01

固有風險（IR, Inherent Risk）

係指在不考慮內部控制狀況下，某科目餘額或某類交易發生重大錯誤之風險。固有風險與企業之業務性質、經營環境及科目或交易之性質有關。某些科目或交易之固有風險較高，例如：存貨計算繁複較易發生錯誤、現金較易遭竊、會計估計較不易準確。

02

控制風險（CR, Control Risk）

係指內部控制制度未能預防或查出重大錯誤之風險。內部控制先天即受控制，故控制風險永遠存在。控制風險之大小繫於內部控制程序達成控制目標之程度。

03

偵查風險（DR, Detection Risk）

係指查核人員執行查核程序後仍未能查出既存重大錯誤之風險。查核人員因選用不當查核程序、執行偏差、誤解查核結果、採用抽查等，均可能造成偵查風險。偵查風險之大小繫於查核所採用之查核程序及其執行情形，查核人員可藉適當之規劃與督導、實施查核工作之品質管制等，以降低偵查風險。

風險的組成公式

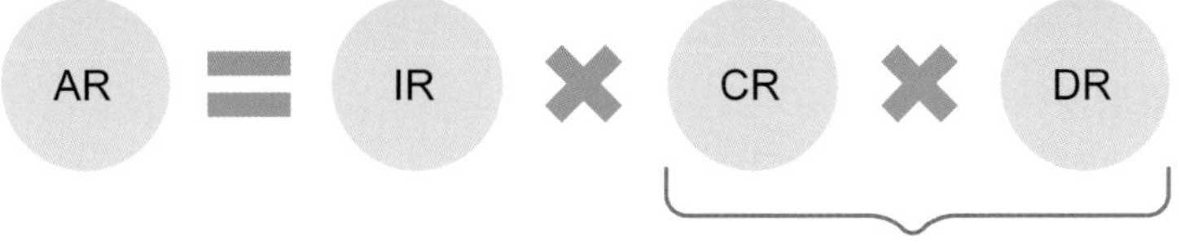

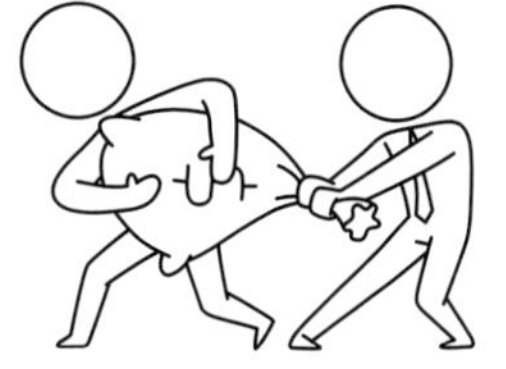

公司原有的風險

公司在內部控制下，依然存在的風險

重大不實表達風險

會計師偵查後，還是出錯的風險

審計風險

大神突破盲點

公司通常都會設計內部控制，良好的內部控制可以減少公司出錯的可能，但在內部控制下，依然會有漏網之魚，這時我們稱為控制風險。固有風險指的是企業本身的營業風險，例如：一般超商的商品失竊率一定比汽車銷售商來得高，這是因為它們的產業特性，這就是產業的固有風險。而會計師為了把風險降到可接受的水準，執行了細項測試和分析性程序來降低風險，然而仍存有的風險就稱為偵查風險。

5-3 初步查核策略

一、主要證實法

在此法之下，審計人員確認之四要素如下：

(1) 將預定的評量控制風險水準設於最大水準（或稍低於最大水準）。

(2) 對內部控制結構的相關部分取得較少的瞭解。

(3) 計畫極少的控制測試。

(4) 依較低的預計可接受偵查風險水準，擴大證實測試。

當審計人員覺得對內部控制結構取得瞭解及執行控制測試的成本超過擴大執行證實測試的成本時，採用此法。主要證實法多於初次接受查核委託時使用。

二、控制風險水準法

在此法之下，審計人員確認之四要素如下：

(1) 使用中度或低度的計畫評量控制風險水準。

(2) 對內部控制結構的相關部分擴大進行瞭解。

(3) 擴大進行控制測試。

(4) 依中度或高度的預計可接受偵查風險水準，執行有限度的證實測試。

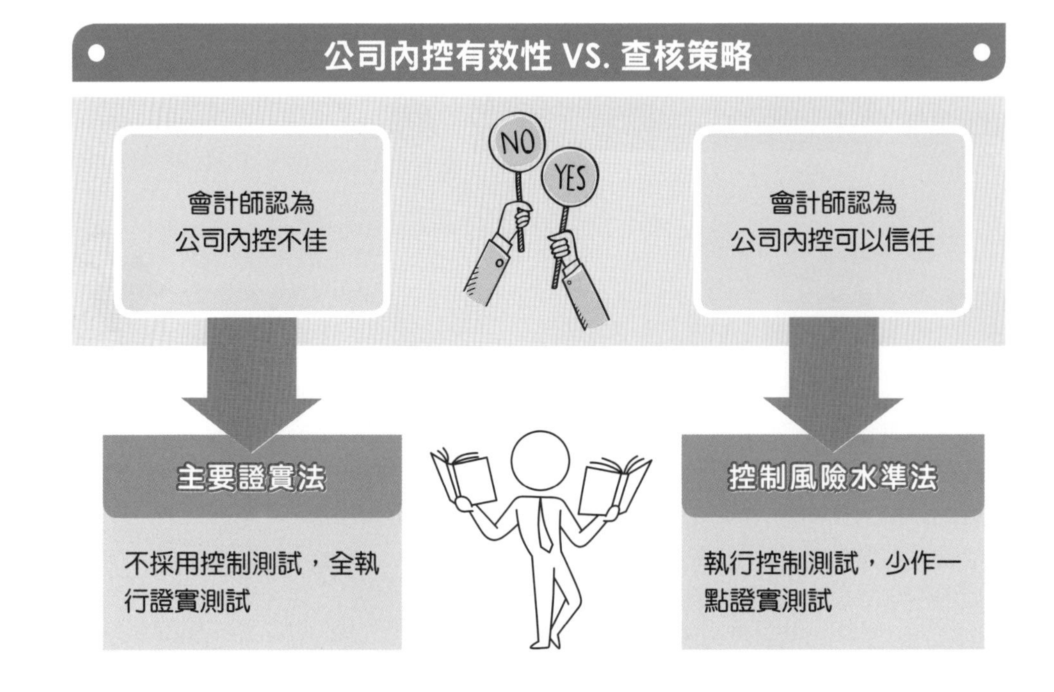

重要財務報表聲明的初步查核策略

初步查核策略之要素

	基本證實法	查核策略	較低控制風險評量水準法

預定的控制風險評量水準

① 最大　高　中　低

② 瞭解內部控制結構的範圍

③ 控制測試

④ 預定的證實測試水準

合併程序的成本

大神突破盲點

瞭解受查者及其環境包括內部控制是不可避免的，在瞭解後就能以得到的資訊評估風險，針對這些風險來初步決定查核策略。

當會計師認為公司內控非常差，可以選擇把控制風險訂定為100%，採用主要證實法不做控制測試，而公司內部控制可以信任，就可以選擇把控制風險訂定為低於 100%，採用控制風險水準法。選擇方法是依據會計師考量成本效益原則後，所作之專業判斷。

5-4 執行審計測試

一、指明查核目標

財務報表查核之目的係在於對財務報表是否依 GAAP 允當表達，此查核目標亦是管理當局於財務報表之聲明。

1. **存在或發生**：反映於財務報表中之資產、負債及業主權益確實存在；所記錄之交易確已發生。
2. **完整**：所有應在財務報表中允當表達之交易、資產、負債及業主權益皆已包含在內。
3. **權利與義務**：委託人對包含於財務報表中之資產具有權利；對負債有償付之義務。
4. **評價或分配**：資產、負債、業主權益、收益及費用均係依照 GAAP 所計算之金額表達。
5. **表達與揭露**：帳戶均依照 GAAP 於財務報表中分類與說明，而所有重要的揭露均已提供。

我國審計準則公報第四十八號「瞭解受查者及其環境以辨認並評估重大不實表達風險」規範與美國審計準則相同，按經濟事項產生到最後財務報表產出流程，查核人員應辨認財務報表整體聲明及「交易類別」、「科目餘額」及「揭露事項」之個別項目聲明。

大神突破盲點

為了讓審計程序變得有條理且可以控制品質，會計師將所有的商業行為以不同的目的作分類，而這些目的我們稱為「聲明」。例如：公司每年年底時，發生交易的該筆帳款是明年 1/1 號後入帳？還是今年 12/31 號前入帳？這些代表交易的截止，也就是時點的認定。

以四十八號準則分類出的聲明

各類交易及事件有關之聲明	期末科目餘額有關之聲明	表達及揭露有關之聲明
發生：所記錄之交易及事件均已發生且與受查者有關。	存在：資產、負債及權益確實存在。	發生及權利義務：所揭露之事件、交易及其他事項均已發生且與受查者有關。
	權利與義務：受查者擁有或控制資產之權利；負債係受查者之義務。	
完整性：所有應記錄之交易及事件均已記錄。	完整性：所有應記錄之資產、負債及權益均已記錄。	完整性：所有應於財務報表揭露之事項均已揭露。
正確性：與所記錄交易及事件有關之金額及其他資料均已適當記錄。	評價或分攤：資產、負債及權益均以適當金額列示於財務報表，其所產生評價或分攤之調整亦已適當記錄。	正確性及評價：財務資訊及其他資訊均以適當金額允當揭露。
截止：交易及事件已記錄於正確會計期間。		
分類：交易及事件已記錄於適當科目。		分類及可瞭解性：財務資訊已適當表達及說明，揭露亦已清楚陳述。

大神突破盲點

為什麼要如此分類？主要是查核人員要先瞭解受查者平常的交易內部控制是否良好（與受查期間內各類交易及事件有關之聲明），內部控制愈良好，產生出的會計分錄就會愈可靠（與期末科目餘額有關之聲明），也因內部控制愈良好，受查者管理階層所提供資訊愈充分（與表達及揭露有關之聲明）。

所以受查者管理階層會主張財務報表符合所應依據之編製準則，將關於財務報表各項要素之認列、衡量、表達及揭露，以及其他相關揭露，以明示或隱含之方式作出上述三大類之聲明。

二、設計審計程式

1. 查核計畫

意義：查核任務概括之書面綱要，於合約之規劃階段擬定。

內容：

(1) 受查者組織、人事、財務及業務概況。

(2) 受查者委託查核之目的。

(3) 預計查核進度及報告提出日期。

(4) 查核風險之評估。

(5) 重要性原則之訂定。

(6) 查核人員之安排。

(7) 查核工作之時間預算。

(8) 擬由受查者準備之資料。

(9) 特殊會計及審計問題。

2. 查核程式

意義：為各項查核程序之彙總，通常於規劃階段會先擬定一份暫時性的審計程式，會計師在審計進行中，慮及委託人內部控制的強、弱，和其他特別需要考慮的問題時，將有所修改。

內容：

(1) 每一項目將遵循的程序。

(2) 估計每一步程序所需要的時間。

(3) 每一步程序實際所耗的時間。

(4) 審計人員的簡名簽署。

三、執行審計過程

1. 充分瞭解內部控制，以便規劃審計。

資料來源：

(1) 與委託公司之職員面談。

(2) 以前年度之工作底稿。

(3) 訪查廠房及辦公室。

(4) 核閱作業手冊，例如：流程圖、工作說明、問卷。

2. 評估控制風險並設計額外的控制測試： 審計人員利用審計風險模式來評估控制風險。

內部控制：

(1) 不健全：依賴證實測試將審計風險降至可接受水準，與委託人溝通（重

大缺失則由審計小組聯繫），簽發致經理人函。

(2) 健全：必須決定有哪些額外控制能被有效的測試。

3. **執行額外的控制測試**：亦即對於客戶各個循環之流程，抽查樣本予以查核其是否依照既定之控制程序一致遵行，以作為決定證實測試查核性質、時間、範圍的參考。
4. **重估控制風險並設計證實測試**：審計人員依控制測試的結果再評估測試風險，並決定證實測試的性質、時間及範圍以完成審計。
5. **執行證實測試及完成審計**：即驗證財務報表各項目的餘額是否允當表達。
6. **做成意見並簽發審計報告**：由合夥人複核審計工作底稿後，決定報告類型，再撰寫審計報告。

規劃查核

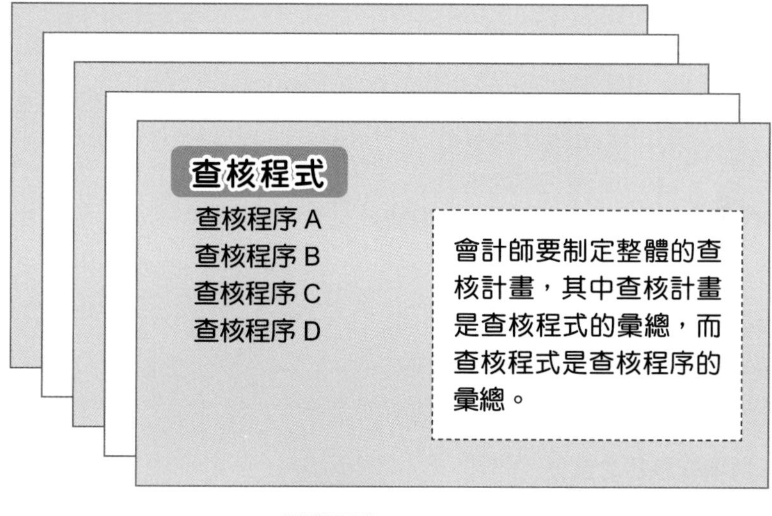

5-5 首次受託——期初餘額之查核

首次受託之評估流程圖

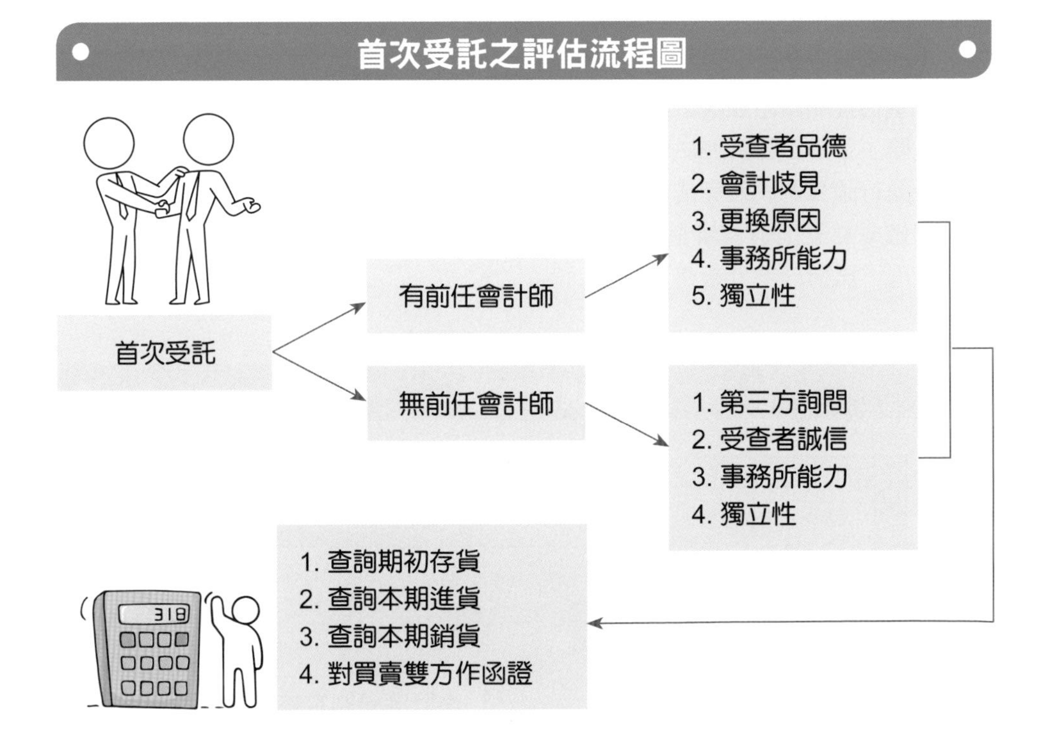

一、首次受託查核

1. 受查者前期財務報表未經會計師查核。
2. 受查者前期財務報表係由其他會計師查核。

二、受託對期初餘額之責任

財務報表金額，除反映受查者本期之交易外，亦受期初餘額之影響。會計師依前條受託查核財務報表時，應獲取足夠及適切之證據，以驗證：

1. 期初餘額未含使本期財務報表遭受重大影響之錯誤。
2. 前期期未餘額經正確結轉本期，必要時亦經適當調整重編。
3. 前期所採用之會計原則適當，且與本期一致。
4. 執行下列一項或多項工作
   (1) 前期財務報表經查核時，複核前任會計師之工作底稿以取得與期初餘額攸關之證據。

(2) 評估本期所執行之查核程序是否提供與期初餘額攸關之證據。

(3) 執行特定查核程序以取得與期初餘額攸關之證據。

三、期初餘額查核之範圍

審計準則 63 號公報所稱期初餘額之查核，其範圍包括：

1. 前期結轉本期之金額。

2. 前期所採用之會計原則。

3. 前期期末已存在之或有事項及承諾。

四、影響查核期初餘額所採用的程序與範圍之因素

1. 受查者所採用之會計原則。
2. 前期財務報表是否經會計師查核，且其查核報告是否為無保留意見。
3. 前期財務報表之編製，是否依照一般公認會計原則。
4. 科目之性質及其發生錯誤之風險。

五、前期財務報表經其他會計師查核

1. 繼任會計師考慮前任會計師之專業能力及獨立性。
2. 必要時，借閱前任會計師工作底稿。
3. 前期財務報表出具無保留意見以外的報告對本期財務報表之影響。

前期財務報表未經其他會計師查核

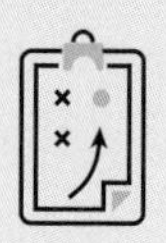

- 流動資產及流動負債（除存貨外），可由查核本期各類科目交易，如期後收現或期末付款。
- 存貨 (1) 核閱受查者上期存貨盤點紀錄文件。
  (2) 期初存貨評價。
  (3) 運用毛利百分比法。
- 非流動資產及流動負債：對應其構成內容有關紀錄加以查核，可向第三人函證或另採其他查核程序。

六、查核報告

查核人員執行必要查核程序：

01

仍無法取得有關期初餘額足夠及適切證據。

(1) 重大→出具保留意見
(2) 非常重大→出具無法表示意見

02

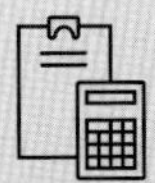

期初餘額發生重大錯誤，足以影響本期財務報表允當表達且未作更正。

(1) 重大→出具保留意見
(2) 非常重大→出具否定意見

03

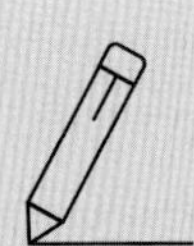

前任會計師對前期財務報表出具修正式意見，繼任會計師經考慮其原因後，認為對本期仍有重大影響者，出具修正式意見。

學校沒教的會計潛規則

當會計師接到新客戶時，除非該公司是新企業，通常會有前任會計師。前任會計師被更換的原因通常是因為審計公費談不合，或是前任會計師認為受查者有疑慮，如之前所提過的受查者品德上面有問題時需放棄委任，因此會計師在接任新客戶時都需格外小心，詢問前任會計師意見將非常重要。此外，繼任會計師在詢問前任會計師前必須取得客戶同意，如果客戶不同意將詢問原因，並考量該原因的合理性。

Chapter 6

不實表達之查核

6-1 錯誤與舞弊

6-2 舞弊因素

6-3 對舞弊的責任

6-4 察覺舞弊風險後之因應

6-1 錯誤與舞弊

會計師的工作是對財務報表不實表達表示意見，不實表達我們可以分成兩種情況：錯誤和舞弊，而分別它們之間的差異是來自於意圖。錯誤是指非因故意而導致財務報表不實表達；舞弊是指管理階層、治理單位或員工中之一年或一年以上，故意使用詐欺等方法獲得不當或非法利益之行為。

錯誤與舞弊的區別

錯誤（非故意）

舞弊（故意）

財務報表不實表達我們可以分為兩個原因：公司不小心出錯和故意出錯。舉例而言，公司如果不小心漏記了一個交易憑證，將可能使財務報表數字出現錯誤，即使是公司無心之過也有可能使財務報表使用者做出錯誤判斷。

另一種可能就是公司為了讓業績看起來比較好看，故意使盈餘增加，這就被稱為財務報表的舞弊。無論是錯誤或是舞弊都會使財務報表使用者產生錯誤的判斷，因此管理階層必須做好良好的內部控制以減少錯誤和舞弊的發生，而會計師也必須對公司沒有重大錯誤的情況取得足夠及適切之證據以表示意見。此外，舞弊無論金額大小對於公司營運都會產生影響，畢竟此情況可能代表公司內部有人企圖以不良之意圖竄改事實，因此舞弊發生時必須和管理階層討論該情況。

一、錯誤

錯誤我們可以細分為：

1. 取得或處理資料時所發生之錯誤。

2. 因疏忽或誤解現況所產生錯誤之會計估計。

3. 誤用會計原則。

二、舞弊

舞弊可以區分為兩種：

1. **管理階層舞弊**：是指管理階層或治理單位一人或一人以上涉及舞弊。
2. **員工舞弊**：是指受查者內部員工涉及舞弊。

然而會計師在意的舞弊是指與財務報導相關的舞弊，因此我們又可以把財務報導相關舞弊分為財務報導舞弊和挪用資產。

小時事大知識

2019 年美國檢方起訴蘋果公司前法務高階主管 Gene Daniel Levoff 涉嫌利用自己的內線消息非法買賣公司股票。2015 年 7 月 Levoff 得知當季 IPhone 的銷售無法達分析師的預測，他即將他手上 1,000 萬美元的蘋果股票出脫，後來蘋果財報揭露後股價大跌 4%，Levoff 避免了 34.5 萬美元的損失。

1. 財務報導舞弊（管理階層舞弊）

(1) 編製財務報表所使用的會計紀錄或佐證文件遭到操縱、偽造或變更。
(2) 經濟事項、交易或其他重要資訊遭到蓄意遺漏（Omission）。
(3) 有關金額、分類、揭露的會計原則或表達方式被蓄意地不當應用。

2. 挪用資產（員工舞弊）

(1) 盜用收據、偷竊資產。
(2) 導致公司對未收取之商品或服務進行付款。
(3) 侵占資產可能伴隨捏造或誤導之紀錄或文件。

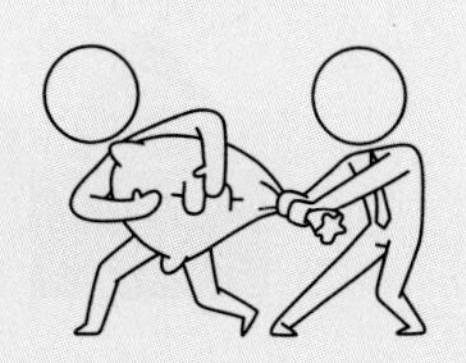

6-2 舞弊因素

當下列三項條件同時存在時，則虛飾財務報表及挪用資產的舞弊，將很可能發生。這三項條件又稱為舞弊三角形（Fraud Triangle），此三要素若同時存在，僅表示舞弊有可能發生的機會，但不表示舞弊一定會發生。分述如下：

1. **動機／壓力**：管理當局或其他員工有動機或是壓力而進行舞弊。
2. **機會**：環境提供管理當局或其他員工有機會去進行舞弊。
3. **態度／對行為的合理化**：態度、環境特徵或道德感允許管理當局或其他員工去接受或合理化不誠實的舞弊行為。

舞弊三角

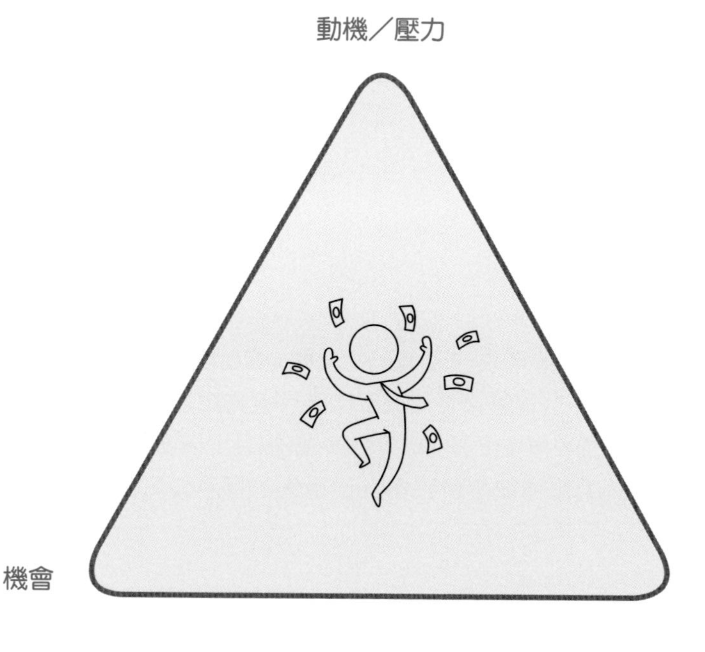

財務報表舞弊的風險因子

動機／壓力

管理當局或其他員工可能有動機或壓力想虛飾財務報表。

例如：管理當局對於財務報表的態度過分積極，或是管理當局或員工的薪資決定於財務報表的某項金額。

機會

環境提供管理當局或其他員工有一定的機會可以去虛飾財務報表。

例如：管理當局的業務及財務決策由一個人所支配，或財務報表的發布與修改並無設置特定的權限。

態度／對行為的合理化

態度、性格或道德感允許管理當局或員工故意同意他們不誠實的行為，或是他們所處的環境足以說服自己合理化他們對財務報表的虛飾。

例如：存在不適當或無效率的溝通，且受到個人價值的支持。

小時事大知識

日產汽車公司董事長卡洛斯 ・ 戈恩（Carlos Ghosn）因財務報表不實及挪用公司資產於 2018 年東京檢方以違反金融法逮補他。戈恩的財務報表不實表達主要是他於財務報表揭露上隱藏自己 7.35 億日圓的真實收入，另外戈恩還被發現許多其他重大的挪用公司資產的不當行為。

挪用資產的風險因子

動機／壓力

管理當局或其他員工可能有動機或壓力想挪用公司資產。

例如：高階管理人員或是其他員工，因為個人財務壓力而有動機想去挪用公司現金。

機會

環境提供管理當局或其他員工有一定的機會可以去挪用公司資產。

例如：公司的內部控制制度鬆散、權限設置或職能分工不當，使高階主管或是其他員工有機會挪用公司資產。

態度／對行為的合理化

態度、性格或道德感允許管理當局或員工故意同意他們挪用公司資產，或是他們所處的環境足以說服自己合理化他們對於自己挪用公司資產的行為。

例如：該高階主管或其他員工說服自己只是短暫挪用，等過了難關立刻歸還。

大神突破盲點

發生舞弊一定會發現舞弊因子，但是如果查核人員發現公司存有舞弊因子並不代表一定有舞弊。當查核人員發現有舞弊因子，應作為顯著風險查核。

6-3 對舞弊的責任

一般來說，查核人員查核舞弊較困難，因為舞弊會被蓄意隱藏，但查核人員對查核舞弊的責任並不因查核的困難而有所減輕。

一、管理當局對舞弊的責任

管理階層應採用穩定的會計政策、維持良好的內部控制、促使財務報表允當表達，以負起防止或發現舞弊及錯誤之責任。然而，舞弊或錯誤雖然可藉由內部控制制度的設置及實施，以防止或減少其發生的可能性，但仍無法完全免除。

二、查核人員對舞弊的責任

會計師受託查核財務報表，目的在財務報表是否允當表達表示意見，因此除專案審查外，查核工作之規劃與執行，非專為發現錯誤和舞弊而設計，但仍應保持專業上應有之注意，以期發現影響財務報表重大不實的錯誤與舞弊。

會計師應依照一般公認審計準則執行查核工作，由於查核工作通常係採抽查方式，因此，依照一般公認審計準則執行查核工作，並不保證定能發現由於舞弊或錯誤所導致財務資訊之不實表達。因此，未偵察出財務報表的重大誤述，應不表示查核工作未依一般公認審計準則施行。

會計師未依一般公認審計準則執行審計工作，致無法發現影響財務報表的重大錯誤、舞弊情事，會計師應負責。

舞弊的責任歸屬

受查者基本上負財務報表大部分的責任，而會計師的責任只是對受查者是否有好好負責，作出評估。

管理階層

良好內部控制

1. 可靠的財務報表
2. 有效率、效果的營運
3. 相關法令的遵循

會計師未發現重大舞弊必須負責!!

會計師

會計師工作

1. 財務報表審計
2. 作業審計
3. 遵循審計

查核舞弊的工作分配

管理階層

公司管理階層對公司錯誤和舞弊負完全責任。

上市（櫃）公司依照財務報表準則、財務會計準則和其他細項解釋公告編制財報。

非公開公司依照商業會計法和其他相關規範編制財報。

會計師依照一般公認審計準則執行查核工作。

會計師

會計師如果未依照一般公認審計準則執行查核工作則被認為失職。

財務報表

大神突破盲點

管理階層和會計師責任在審計中很常提到，主要是說管理階層負有責任，而會計師只是表示意見。舉例而言，就像學生學習，學習是學生的工作，老師進行測驗只是對學生學習成效進行評價，就算出考卷拿得滿分，我們也只能合理確信學生學習成效應該是好的，但不代表學生在這個領域完全精通。此外，重大性也是如此，我們只要求學生達到90分，達到這個分數代表學生有好好讀書，如果老師要求學生每次必考到 100 分，學生的學習成本太高，老師相對也要提高出考卷的次數和學生考試的次數，不符合學習的成效。

6-4 察覺舞弊風險後之因應

具有錯誤與舞弊跡象時，查核人員認為該項錯誤或舞弊對財務資訊可能發生重大之影響，則應考慮下列查核程序：

1. 評估是否有下列因素影響，而修正查核程序：
   (1) 可能發生之舞弊或錯誤之型態。
   (2) 可能發生之舞弊或錯誤對財務資訊之影響。
2. 重估制度：內部控制制度錯誤可能性。
   舞弊或錯誤為內部控制制度可防止或發現者，查核人員應再檢討以前對內部控制制度所做之評估，必要時修改證實查核程序。
3. 確定存在，調整揭露
   執行修正後查核程序通常可使查核人員確定錯誤或舞弊之存在，或澄清對錯誤或舞弊之疑慮。若確定舞弊或錯誤存在時，則查核人員應確認舞弊之影響，並於財務資訊適當反應或更正錯誤。
4. 與管理階層討論
   查核人員遇有下列情況時，應盡速與適當之管理階層商討：
   (1) 舞弊很有可能存在。
   (2) 舞弊或重大錯誤確實存在。
   若涉及管理舞弊時：
   (1) 錯誤或舞弊涉及管理階層時，查核人員應再考慮其所作解釋或聲明之可靠性。
   (2) 查核人員在與管理當局討論時，須考慮所有情況，並衡量管理階層涉案之可能。
   (3) 對於管理階層涉嫌之舞弊案，宜向職位比該涉案者更高之管理階層報告。
   (4) 若受查者之最高負責人亦涉嫌舞弊時，查核人員應經審慎考量後，決定須採行之查核程序或取消委任合約。

發現舞弊後，無論金額大小或嚴重程度，都應該和管理階層溝通。

5. 修改查核意見

(1) 保留意見或無法表示意見（查核範圍受限）

如無法獲取足夠證據以確定某項舞弊是否存在時。查核結果顯示舞弊或錯誤確已存在，但無法確定其對財務資訊之影響時。

(2) 保留意見或否定意見

查核結果顯示舞弊或錯誤確已存在，且能確定其對財務資訊之影響，但受查者不予更正時。

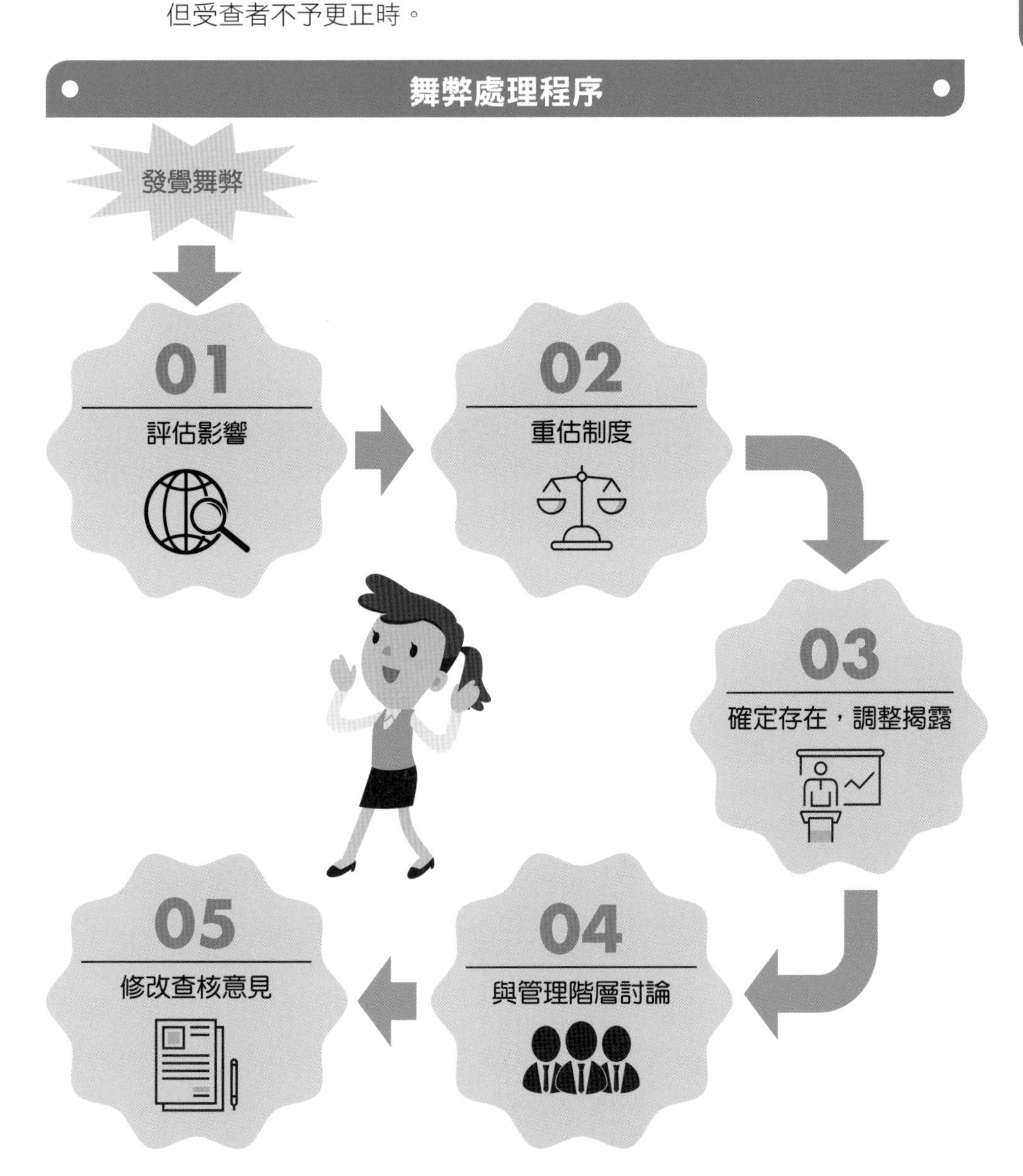

大神突破盲點

當會計師發現公司內部有未遵循法律之事項（包含舞弊），必須和管理階層溝通，如果未遵循法律之事項涉及最高管理階層和董事長，或最高管理階層和董事長知悉該等情況卻未採取必要更正行動時又該如何？

無論該事項是否重大，會計師均應考量是否終止委任。

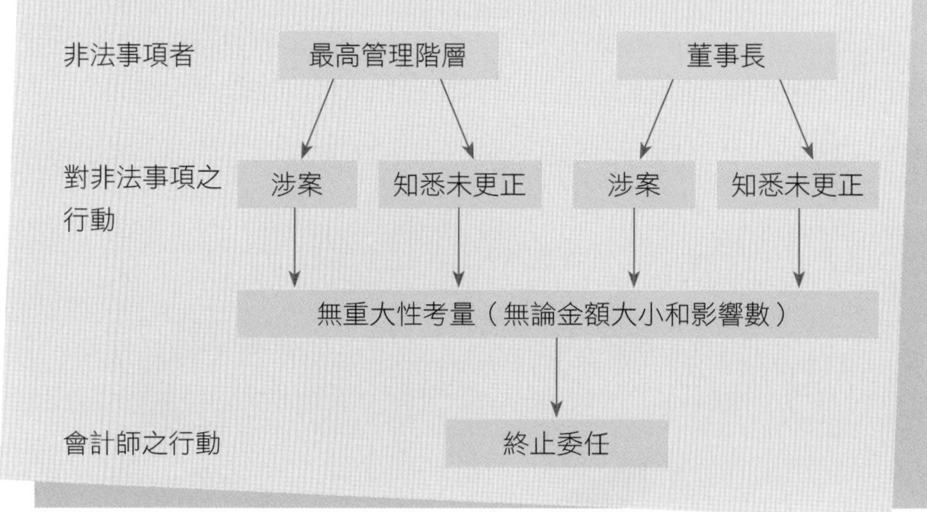

瞭解內部控制結構

7-1 內部控制之調查與評估流程

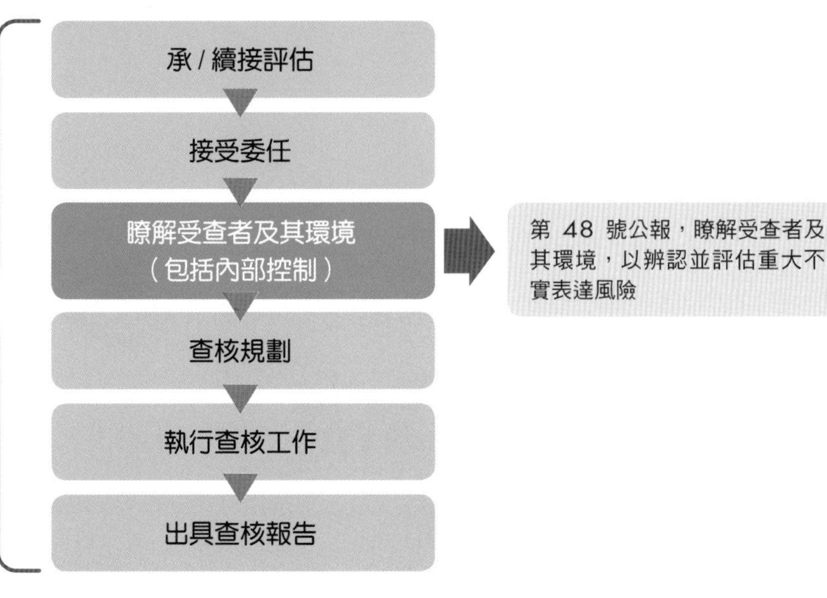

會計師一開始需要規劃整個查核，就像我們寫讀書計畫一樣。會計師必須瞭解受查者及其環境，包括內部控制，當會計師取得充分瞭解後，就應該對受查者內部控制進行評估，決定是否信賴受查者的內部控制，如果受查者內部控制可以信賴，會計師應就內部控制有效性進行查核，當受查者內部控制愈好代表編製財務報表的品質愈好，會計師在證實測試要取得的證據就愈少。舉例而言，有老師針對學生教學時，會先判斷他們過去的成績和學習態度，如果過去的成績和學習態度很好，老師就會對學生的學習成效比較放心，不需要測驗那麼多次。

會計師應先評估內部控制

如果公司有內部控制，評估公司內部控制

內部控制不好

公司內部控制極爛，做出來的財務報表應該會錯誤百出，不相信財務報表沒有錯，所以要查仔細一點。

內部控制良好

公司本身內部控制很完善，應該不會有太大的錯誤，可以比較放心，蒐集的資料可以少一點。

內部控制之調查與評估流程圖

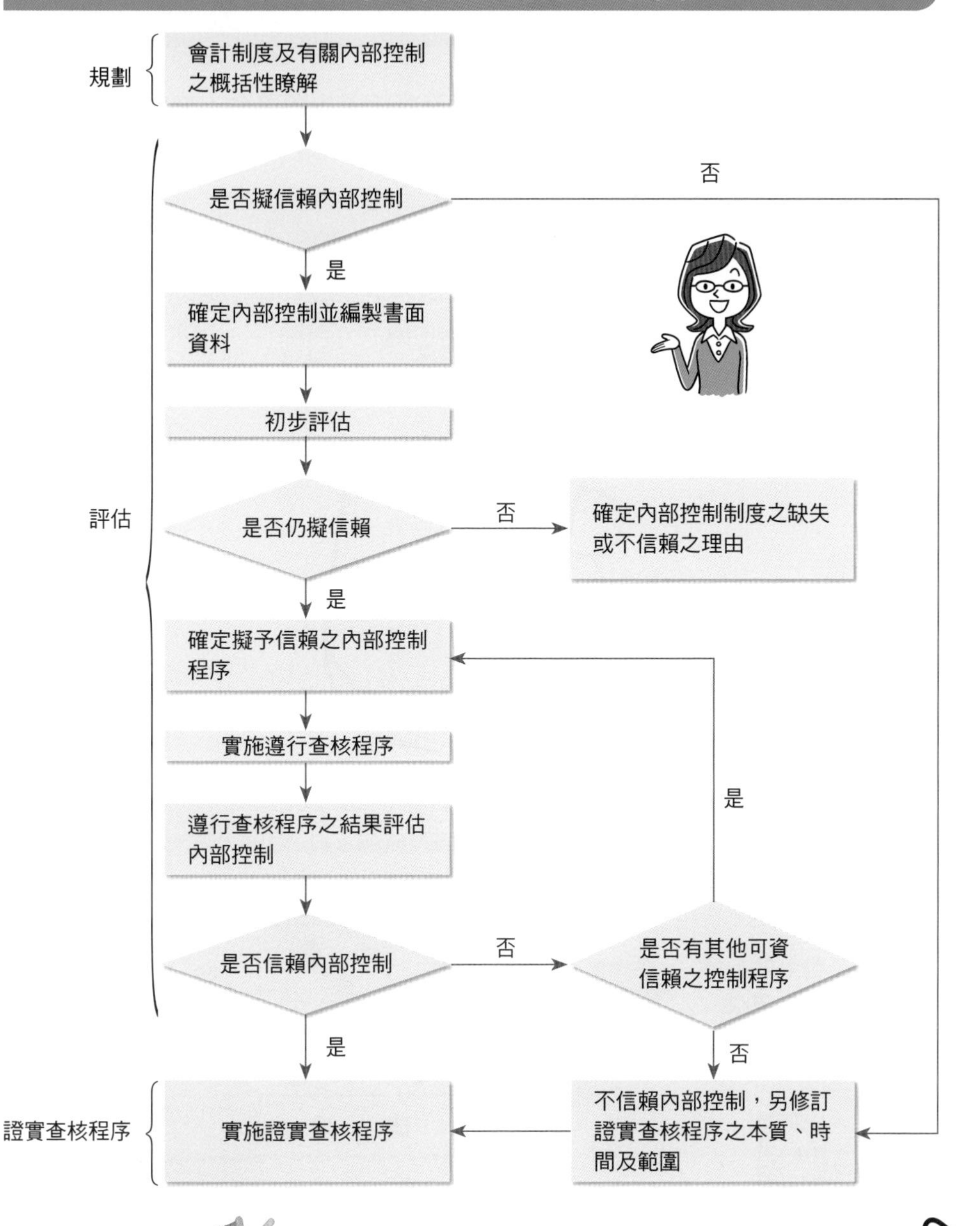

會計師於規劃時需要瞭解受查者內部控制是否有規劃和執行，於評估時才需評估是否有效。

7-2 內部控制的意義

內部控制係一種管理過程，由管理階層設計並由董事會（或相當之決策單位）核准，藉以合理確保下列目標之達成：

1. 可靠之報導。	1. 財務報表審計
2. 有效率及有效果之營運。	2. 作業審計
3. 相關法令之遵循。	3. 遵循審計

一、根據美國發起組織委員會（COSO）報告，確立了五個交互相關的內部控制要素：

內部控制組成要素與目標

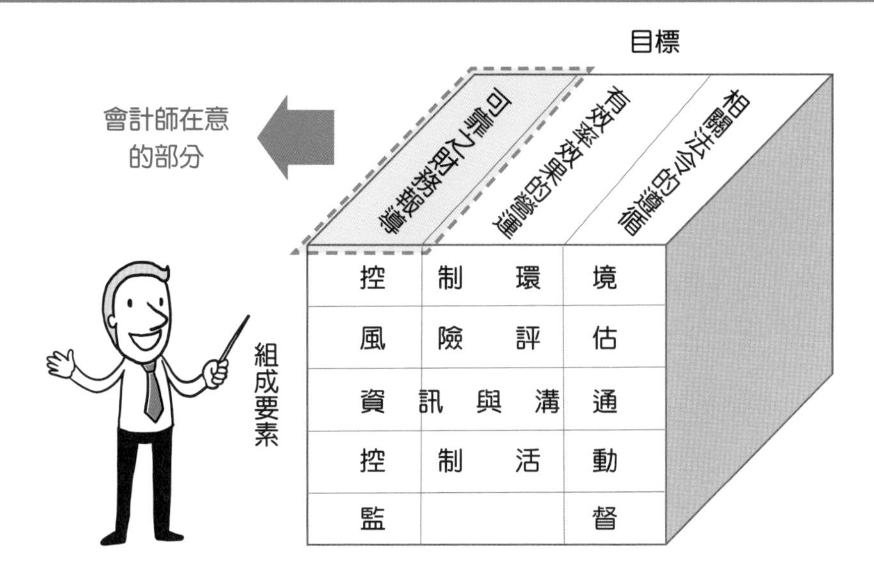

學校沒教的會計潛規則

會計師在關注受查者內部控制時並不是對整個內部控制都在意，舉例而言，有些公司要求員工必須每個星期拜訪客戶幾次等，這些規範就算違反了也不會對財務報表產生影響，會影響的只有公司獲利能力等績效。但會計師只在意財務報表也沒有錯，就算獲利能力大減，只要不影響繼續經營的能力，且財務報表有允當表達這項資訊，會計師也會認為這家公司在財務報表上面沒有什麼問題而出具無保留意見。因此在整個內部控制（可靠的財務報表、有效率效果的營運、相關法令的遵循）中，查核人員只在意可靠的財務報表。

二、控制要素與財務報表審計的關係

內部控制固可協助受查者目標之達成，惟三項內部控制目標及其相關控制並非均與財務報表查核有關，故查核人員並不需對各個營運單位及各個營運功能之所有內部控制進行瞭解。查核人員於查核財務報表時，對內部控制之考量通常僅限於與財務報導目標有關之內部控制。財務報導之目標係為確保受查者財務報表在重大方面已依一般公認會計原則或其他綜合會計基礎編製，足以允當表達。

查核人員執行查核程序所使用之資料，如與營運目標或法令遵循目標之內部控制有關，則查核人員於查核財務報表時，應對此等內部控制加以考量。例如：資產的保護非屬於可靠財務報導的範圍，但依然會影響財務報導真實性的表達，為保障資產安全，防止資產在未經授權之情況下被取得、使用或處分之內部控制，可能同時達成財務報導目標及營運目標。其關係如下圖：

保障資產安全需兼顧兩項目標

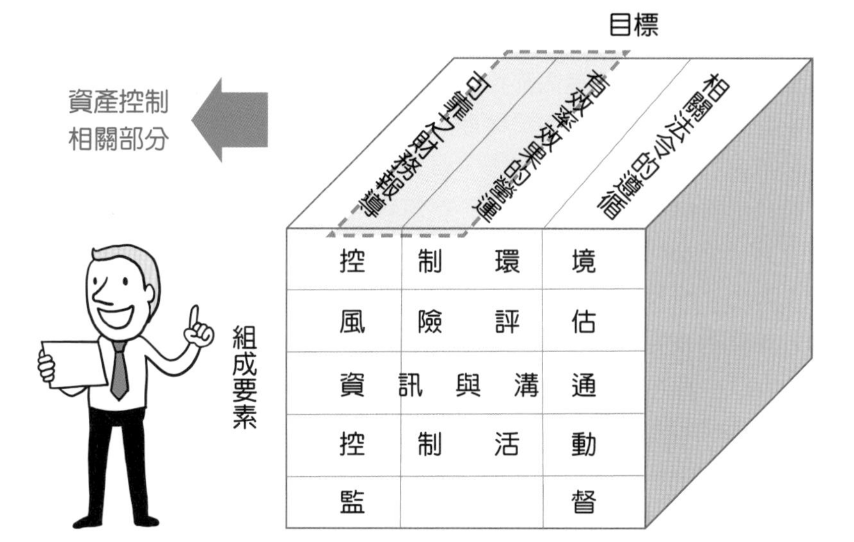

大神突破盲點

雖然查核人員只在意可靠財務報表的部分，只對公司財務報表有沒有編制錯誤作為考量，但有時候內部控制中的有效率效果的營運，也會影響到財務報表，就是資產控制相關部分。

公司在控管資產時要記錄每項資產的價值和每提列折舊，這些都是公司內部控制中可靠之財務報表，但如果公司內部控制中，有效率效果的營運不佳時，也會對公司資產產生影響繼而影響財務報表。舉例而言，公司中的電腦如果可以由員工隨意帶走，不只會使公司資產遺失，也可能使公司無形資產在被其他對手公司拿到後變得一文不值。

7-3 受查者環境

瞭解受查者及其環境為查核人員必須做之查核工作，審計準則公報第 48 號提出查核人員對於受查者及其環境應瞭解下列事項：

1. 相關產業、規範及其他外部考量因素。
2. 受查者會計政策之選擇及應用，包括會計政策變動之原因。查核人員應評估受查者之會計政策是否合適，以及其與相關產業編製財務報表應依據之準則及會計政策是否一致。
3. 受查者之目標、策略及可能導致重大不實表達風險之相關營業風險。
4. 受查者財務績效之衡量及考核。
5. 受查者之性質，包括：
   (1) 營運狀況。
   (2) 股權及治理結構。
   (3) 目前進行及計畫投資之類型，包括對特殊目的個體之投資。
   (4) 組成結構及籌資方式。

查核人員需瞭解受查者性質

股權及治理結構

營運狀況

組成結構及籌資方式

受查者

目前進行及計畫投資之類型，包括對特殊目的個體之投資。

7-4 內部控制制度五要素

一、控制環境

控制環境用以塑造受查者之紀律及內部控制之架構，係其他四項組成要素之基礎，可影響受查者文化及組織成員對內部控制之認知。而受查者之控制環境受組織或其成員的下列因素之影響：

影響控制環境的項目和原因

項目	說　明
操守及價值觀念	1. 為了強調企業所有人員正直及道德觀念的重要性，高階管理人員應有的準則。 (1) 以身作則。 (2) 溝通。 (3) 提供道德指引。 (4) 降低或消除任何使人們不誠實、不法或不道德的誘因或漏洞。 2. 內部控制標準 (1) 員工行為守則及其他行為規範之訂定及實行。員工守則規定該企業可接受之商業行為、遭遇利益衝突時之處理方式或期望員工之行為。 (2) 與員工、顧客、供應商、投資人、債權人、競爭對手及查核人員交往時的方式。 (3) 對達成某些不切實際目標（尤其是某些短期目標）之壓力，及報酬係依據目標達成的程度而訂定之程度。
能力	1. 意義 為了達成企業的目標，每一位員工都應具備有效執行工作之必要知識。 2. 內部控制標準 (1) 職務說明書或其他定義員工如何執行工作之方式。 (2) 對某些特定工作所需具備知識及技能之分析。
董事會及監察人之參與	1. 意義 董事會及審計小組的成員及其執行治理與監督責任的態度，對於控制環境有很大的影響。 2. 內部控制標準 (1) 董事會及監督委員會是否獨立於管理階層之外，亦即，董事會及監督委員會在遇有困難的時候，是否仍會提出質疑，或是否會提出試探性之質疑。

項目	說　明
董事會及監察人之參與	(2) 對須深度注意或指引方向的特定事項，是否請董事會下的小組參與。 (3) 董事的經驗及知識。 (4) 董事會、監察人與財務主管及主辦會計、內部稽核及外部審計人員開會商談之頻率及時效。 (5) 提供給董事及監察委員會資訊之充分性及適時性；能夠讓董事及監察委員會監督管理階層之目標及策略、企業之財務狀況及經營成果及重大合約條款的程度。 (6) 董事會及監察委員會評估被告知的敏感資訊、調查結果及不適當活動等資訊之及時性及充分性。上項資訊，如高階主管之差旅費、重大訴訟案、盜用公款、侵吞或濫用公司資產及非法行為等。 3. 審計小組 三至五位非兼任公司主管及職員之非執行業務董事所組成，其工作包括： (1) 聘任及解任會計師。 (2) 決定審計範圍。 (3) 討論審計結果。 (4) 解決會計師與管理當局之間的爭執。 
管理哲學與經營風格	1. 在組織中建立一個最佳的控制環境，管理當局扮演一個關鍵性的角色。 2. 內部控制標準 (1) 企業所接受風險之性質。例如：管理階層是經常進行高風險之交易，還是對承接風險採取極端保守的態度。   喜歡高風險　VS.　態度保守 (2) 資深主管與營業主管間之互動及其頻率。當營業主管所負責之營業地點與總公司在地理位置上相隔甚遠時。 (3) 管理階層對於財務報導之態度及行為，包括選用會計處理之態度。
組織結構	1. 組織結構可藉著提供規劃、執行、控制及監督活動的全部架構而促使企業達成其目標。發展企業的組織結構包括確定權利與義務的主要範圍及報告的適當流程——須視企業規模與活動的性質而定，通常係在組織圖中正確地描述授權及報告關係的流程。

<table>
<tr><th>項目</th><th>說　明</th></tr>
<tr><td>組織結構</td><td>2. 內部控制標準
(1) 組織結構的適當性，及組織結構提供管理其活動所需資訊的能力。
(2) 各重要主管所擔負責任之適切性，及主管對其責任之瞭解。
(3) 重要主管用以履行其責任所具備之知識及經驗的適當性。</td></tr>
<tr><td>權責劃分</td><td>1. 組織機構內的人員，對於本身的職責和約束本身行動的規章，均須清楚的瞭解。因而，管理當局備有職員的職務説明和電腦系統文件，以及明白地界定了企業內授權和職責的範圍，藉以強化控制環境；或許也訂立了有關可以接受的經營實務、利害衝突和行為規範等方針。

2. 內部控制標準
(1) 依組織之目標、經營之功能及政府機關之規定而劃分職責；所劃分之職責中，包括對資訊系統之責任，及授權改變系統之權力。
(2) 與控制有關之準則及程序之適當性，前述準則及程序，包括員工的職務説明。
(3) 擁有適當技能員工的人數，尤其是負責資訊處理及會計處理員工的人數。

(4) 適當員工人數的決定，繫於企業的規模、作業及系統的性質及複雜程度。</td></tr>
<tr><td>人力資源政策</td><td>1. 控制環境是否有效，受企業組織內人員特質的影響，有效人事管理方法，常能彌補控制環境的弱點，但不能保證可避免不誠實員工所引起的損失。
2. 人事管理方法通常包括：僱用、訓練、評核、升遷及獎勵。
3. 忠誠險
(1) 忠誠險是保險的一種，保險公司同意在一定限額內賠償僱主因故投保員工偷竊或侵佔公款所引起的損失。
(2) 忠誠險不是內部控制的一部分，也不是內部控制的替代品。內部控制不健全，可能發生偷竊及虧空事件，公司在向保險公司索賠之前須先證明損失的存在，且內部控制的不健全可能使管理當局利用錯誤的會計資訊作決策。</td></tr>
</table>

項目	說　明
人力資源政策	4. 內部控制標準 (1) 設置聘僱、訓練、升遷及俸給政策及程序的程度。 (2) 當員工違反訂定政策及程序時，補救措施的適當性。 (3) 員工背景調查的適當性，尤其是針對員工曾從事不當行為之調查。 (4) 員工留任與晉升之標準、蒐集資訊技術的適當性，及其與行為守則或其他行為指引間的關係。

二、風險評估

1. **意義**：風險係指受查者目標不能達成之可能性。風險評估即指受查者辨認及分析風險之過程，以作為該風險應如何管理之依據。
2. **查核人員應瞭解受查者是否具有下列風險評估流程：**

受查者如已建立風險評估流程，查核人員應取得對該流程之瞭解及其評估結果。查核人員如辨認出管理階層未辨認之重大不實表達風險，應評估是否存有預期受查者風險評估流程可辨認卻未辨認之風險。若該風險存在，查核人員應瞭解風險評估流程何以未能辨認該風險，並評估該流程對受查者而言是否適當，或確認受查者與風險評估流程有關之內部控制是否存有顯著缺失。

受查者如未建立風險評估流程或僅有臨時性之評估流程，查核人員應與管理階層討論與財務報導目標攸關之營業風險是否均已辨認，及其對該等風險之因應措施。受查者之風險評估流程如未予書面化，查核人員應評估其對受查者而言是否適當，或確認此一事實是否表示受查者之內部控制存有顯著缺失。

三、資訊與溝通

要素	說明
資訊	1. 意義 與可靠財務報導目標有關之資訊系統，含會計制度在內，其內容包括處理下列事項之方法與記錄： (1) 記錄、處理、彙整及報告受查者之交易事項。 (2) 表明相關資產、負債及股東權益記錄之責任。 資訊系統所產生資訊之品質，影響管理階層在控制受查者活動時訂定適當決策及編製可靠財務報表之能力。 2. 內部控制標準 (1) 內、外部資訊之取得，及達成既定目標之績效資訊對管理階層的提供。 (2) 對適當人員及時、詳細資訊之提供，使他們能有效率、有效果地執行任務。 (3) 資訊系統之制定或修正，是否基於資訊系統之策略規劃，亦即是否連結企業的整體目標及作業層級目標。 (4) 管理階層對設置必要資訊系統的支持。前述支持，包括投入之適當資源。
溝通	1. 意義 與可靠財務報導目標有關之溝通，係告知受查者內部人員其在與可靠財務報導有關內部，及確保提供外部資訊使用者有效且可靠的資訊參考控制所扮演之角色及責任。

要　　素	說　　明
溝　　通	2. 內部控制標準 (1) 把員工的任務和其控制責任傳達給員工之有效性。 (2) 用已報導疑似不當行為的溝通管道之建立。 (3) 管理階層接納員工提出提高生產力、品質和其他改善建議的能力。 (4) 組織內跨部門間溝通之適當性、資訊的完整性與及時性，及該資訊能使員工有效履行責任之充分性。 (5) 與顧客、供應性及其他外部人士得知顧客的需求是否已改變的溝通管道，其開放性與有效性。 (6) 外界知悉本企業道德標準的程度。 (7) 管理階層在接獲顧客、供應商、政府機關和其他外界人士的資訊後，及時和適當的追查行動。

四、控制活動

1. 定義：控制活動係指用以確保組織成員確實執行管理階層指令之政策及程序。
2. 控制活動之組成可協助管理階層確保其規定業經執行，以利受查者目標之達成。受查者應考量組織層級及職能之不同，分別依其目標設置適當之控制活動，並予以執行。一般而言，與查核有關之控制活動可歸類如下：
   (1) 交易之授權。
   (2) 職能分工。
   (3) 執行結果之覆核。
   (4) 資料處理之控制。
   (5) 實體控制。

要　　素	說　　明
交易之授權	1. 對交易活動應作適當授權。 2. 授權：一般授權即交易被核准的一般情況。特別授權及非例行性交易在個別基礎認可之授權。 3. 確定交易經過適當管理人員之授權。
職能分工	1. 適當的職能分工：分配一項交易的責任，使得一人的工作可自動檢查另一人或多人工作，目的在預防與及時發現錯誤與舞弊。

<table>
<tr><th>要　素</th><th>說　明</th></tr>
<tr><td>職能分工</td><td>2. 每項交易應分為五個步驟：
<table>
<tr><th>交易步驟</th><th>程序及分工說明</th></tr>
<tr><td>1. 授權</td><td>高級主管授權賒銷商品給符合條件的顧客。</td></tr>
<tr><td>2. 主辦</td><td>來自顧客的訂單由銷貨部門主辦。</td></tr>
<tr><td>3. 核准</td><td>信用部門覆核此交易，並決定核准授信與否。</td></tr>
<tr><td>4. 執行</td><td>運貨部門向倉儲部門領取商品，運交顧客，並執行此交易。</td></tr>
<tr><td>5. 記錄</td><td>會計部門開單和開立發票，送交客戶，並即入帳。</td></tr>
</table>
3. 職務分工有助於專業分工提升效率。</td></tr>
<tr><td>執行結果之覆核</td><td>1. 管理當局對下列事項的覆核：
(1) 彙總詳細科目餘額的報告。
(2) 比較實際數與預算數的以前年度金額。
(3) 比較財務與非財務資料。
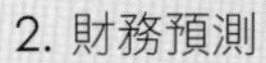
2. 財務預測
(1) 定義：係指企業管理當局依其計畫及經營環境，對未來財務狀況、經營成果及現金流量所作之最適估計。
(2) 有關金額之表達：財務預測通常按單一金額表達，但亦得按上下限金額表達，上下限幅度反映企業管理當局對預測結果之不確定程度，不確定程度愈高，則上下限幅度愈大，企業管理當局應考慮幅度過大時，可能對使用者不具意義。
(3) 期間：通常為一年，亦得考慮對使用者的有用性及管理當局的預測能力而延長或縮短。
(4) 通常普遍使用現金預測。
(5) 結論：
A. 預測是一項建立整個企業績效明確標準的控制工具。
B. 預測可作為編製公司預算的基礎。
3. 公司中個別職員的工作是否正確？或須經由獨立查核其工作績效方式加以驗證。例如：在會計處和保管部門相對獨立時，每一部門的工作就在驗證其他部門工作之正確性。會計紀錄應當和所存實體資產定期相互比較。稽查任何差異的原因，可發現不是資產保管程序方面的缺失，就是相關會計紀錄方面的缺失。</td></tr>
<tr><td>資訊處理之控制</td><td>資訊處理控制係指交易事項有關核准、完整性及正確性風險之處理。
資訊處理控制，包括：
1. 一般控制：屬於整體資訊運作中心的一部分。
2. 應用控制：屬於特定型態交易事項的處理。</td></tr>
</table>

<table>
<tr><th>要　素</th><th>說　明</th></tr>
<tr><td>實體控制</td><td>1. 實體控制係直接接近實體（資產及重要文件、紀錄）或透過編製、處理授權資產使用與處分之文件而間接接近實體。
2. 實體控制主要是資產、文件、紀錄、電腦程式與檔案的安全設施及衡量。
3. 與管理當局聲明的關係：
<table>
<tr><th>方法</th><th>管理當局聲明</th></tr>
<tr><td>(1) 安全措施，如防火設施等</td><td>(1) 存在或發生</td></tr>
<tr><td>(2) 電子資料處理的安全控制</td><td>(2) 存在或發生完整性評價與分攤</td></tr>
<tr><td>(3) 定期比較帳列與實存資產</td><td>(3) 存在或發生完整性評價與分攤</td></tr>
</table></td></tr>
</table>

五、監督

監督係指評估內部控制執行品質之過程，包括適時評估內部控制之設計及執行，指出問題所在，以採取必要之修正措施。

受查者如有內部稽核職能之運作，查核人員應瞭解下列事項，以決定內部稽核職能是否與查核攸關：

1. 內部稽核之職責及其在組織中之定位。
2. 已執行及計畫執行之內部稽核工作。

查核人員應瞭解受查者於監督作業中所使用資訊之來源，及管理階層用以判斷該等資訊可靠性是否足夠之基礎。

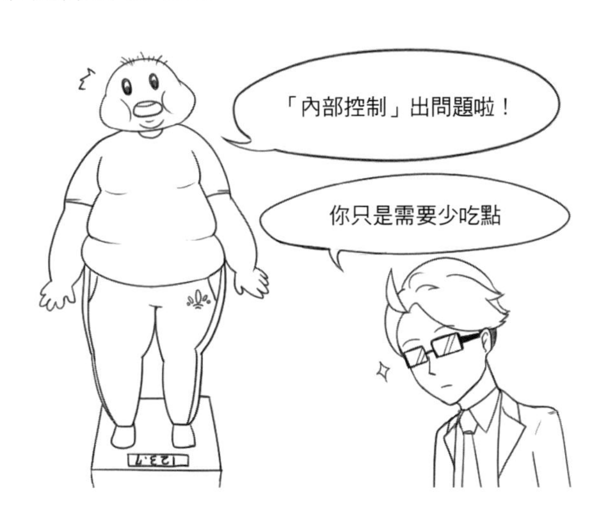

7-5 內部控制先天限制

內部控制雖能防範舞弊及確保會計資料的可靠性，但我們仍須承認，任何內部控制制度均存有先天性的限制。

一、內部稽核

內部稽核人員是受僱於公司的員工，也是管理階層的幕僚，其工作為獨立地稽核公司內部所屬單位是否確實依公司的章程運作，目的在於協助管理階層有效地管理公司。

大神突破盲點

為什麼查核人員瞭解完內部控制還要做控制測試呢？甚至每年重新接任審計時都要再瞭解內部控制和重新執行內部控制？主要原因就是因為內部控制有先天限制，就算有設計也可能沒有執行，或是員工隨便亂做，更可怕的是主管跟員工說那個規則不用管，這些情況在公司內部很常發生，所以即使公司內部控制看起來規章一大本，也需要評斷它的有效性。

內部稽核人員必須要有一定的適任性和客觀性，適任性是指一個人的能力是否足夠完成他應有的工作，而客觀性是指個人的品德或壓力不會影響他工作的品質。

查核人員在評估內部稽核人員的適任性及客觀性時，應考慮下列因素：

適任性

1. 內部稽核人員的教育程度及專業經驗。
2. 內部稽核人員的在職訓練程度。
3. 公司內部稽核之政策及程序。
4. 內部稽核人員工作的指派及其所受的督導及覆核。
5. 工作底稿、稽核報告等的品質。

客觀性

1. 內部稽核在組織中的地位。
2. 內部稽核單位是否直接隸屬於高階主管。
3. 內部稽核主管是否可以直接向董事會或監察人報告。
4. 內部稽核主管的任免是否由董事會決定。
5. 瞭解維持內部稽核客觀性的政策為何。
6. 禁止內部稽核人員對其親屬擔任重要或敏感性職務的營運活動加以稽核。
7. 禁止內部稽核人員對其本身過去及現在所負責或即將負責之營運活動加以稽核。

查核人員可能因為內部稽核人員而減輕查核工作的工作量，不過查核人員所負擔之責任仍然完全相同，不會因而減輕。

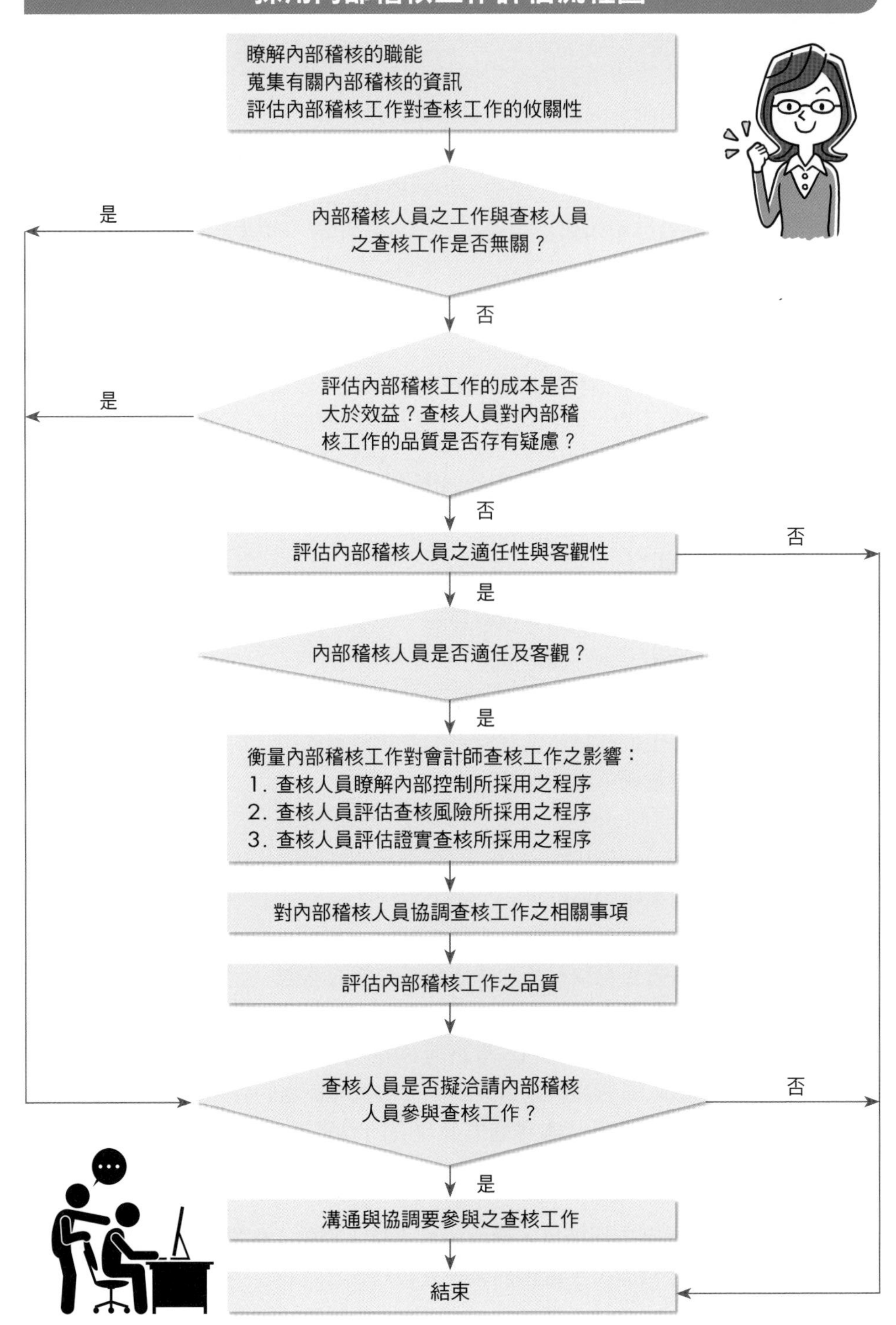
採用內部稽核工作評估流程圖
瞭解內部稽核的職能
蒐集有關內部稽核的資訊
評估內部稽核工作對查核工作的攸關性
內部稽核人員之工作與查核人員
之查核工作是否無關？
是
否
評估內部稽核工作的成本是否
大於效益？查核人員對內部稽
核工作的品質是否存有疑慮？
是
否
評估內部稽核人員之適任性與客觀性
否
是
內部稽核人員是否適任及客觀？
是
衡量內部稽核工作對會計師查核工作之影響：
1. 查核人員瞭解內部控制所採用之程序
2. 查核人員評估查核風險所採用之程序
3. 查核人員評估證實查核所採用之程序
對內部稽核人員協調查核工作之相關事項
評估內部稽核工作之品質
查核人員是否擬洽請內部稽核
人員參與查核工作？
否
是
溝通與協調要參與之查核工作
結束

控制測試與證實程序測試

8-1 評估偵知風險

8-2 控制測試

8-3 證實程序的設計

8-1 評估偵知風險

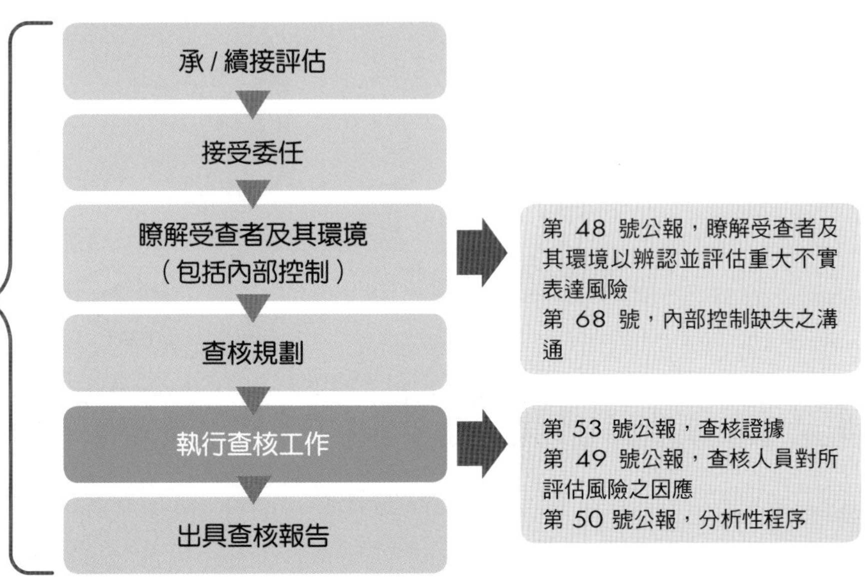

審計過程中，會計師要常常評估風險，而審計風險我們又可以將它區分為三種：

1. **固有風險**（IR, Inherent Risk)）：係指在不考慮內部控制之情況下，某科目餘額或某類交易發生重大錯誤之風險。
2. **控制風險**（CR, Control Risk）：係指內部控制未能及時預防或查出重大錯誤之風險。
3. **偵察風險**（DR, Detection Risk）：係指查核人員執行查核程序後仍未能查出既存重大錯誤之風險。

三種風險結合後就是審計風險 (AR, Audit Risk），也就是查核人員出具不實查核報告的風險。三種風險中固有風險是公司經營本身就存在的風險，而控制風險則是由受查公司內部控制降低的不實表達風險，這兩種風險都是會計師沒辦法控制的，又稱為重大不實表達風險（MMR, Risk of Material Misstatement）。

偵知風險係指審計人員無法偵測到存在於財務報表某項聲明中的重大誤述風險。前面章節曾經提到關於偵知風險的評估。偵知風險預計的可接受水準，是根據各個重要的財務報表的聲明來訂定的。首先，再次説明偵知風險和其他風險要素的關係：

$$AR = IR \times CR \times DR$$

根據上列的關係式可知，偵知風險（DR）與控制風險（CR）和固有風險（IR）呈現反向關係。在查核規劃階段，審計人員會設定預計的偵知風險，此時控制風險是以預計的控制風險評量水準來表示——這是因為尚未執行控制測試，仍然沒有取得相關的證據之故。設計證實程序之前，必須針對偵知風險加以評估，並且依據所取得的證據考量是否需要修正預計的證實程序，以訂定明確的查核風險。

設計證實程序流程圖

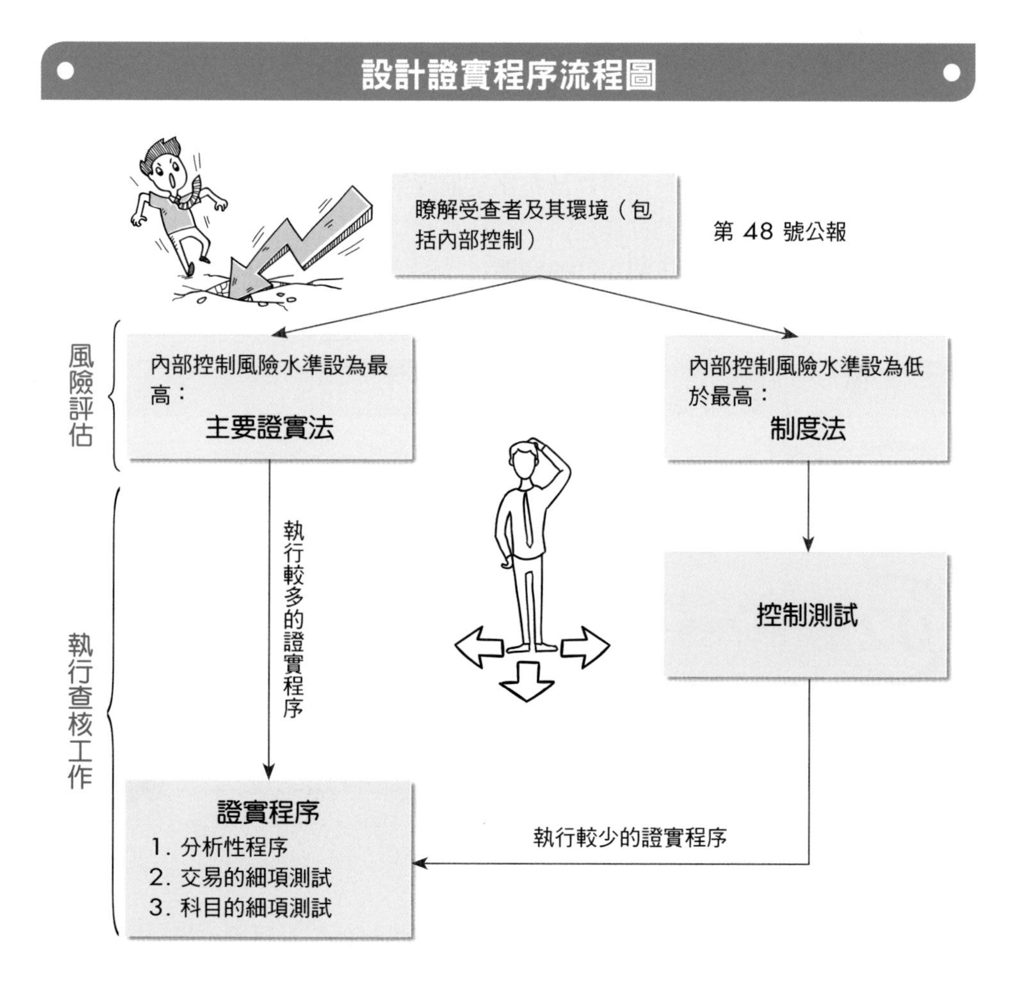

8-2 控制測試

當查核人員沒有將受查者內部控制風險水準設為最高，就需要執行控制測試。

控制測試最主要的查核目的是為：

1. 決定內部控制結構與程序設計。
2. 決定內部控制結構的運作有效性。

一、控制測試的類型

1. 同時的（Concurrent）控制測試

係指於查核規劃階段取得內部控制的瞭解時，同時執行控制測試。前面章節已經討論過內部控制的瞭解。採用同時的控制測試，將藉由取得瞭解時所執行之觀察、詢問和檢查，因而獲取的證據來達成控制測試的目的；意即取得瞭解的同時，取得關於控制結構政策和設計程序以及其運作有效性的證據。採用同時的控制測試通常都具有成本效益，主要是期望可因此減少所需執行的額外控制測試的範圍。

同時的控制測試如何執行

01 執行觀察、詢問和檢查來取得瞭解

02 取得瞭解時獲得證據 → 控制結構政策和設計程序的證據

03 用來執行控制測試 → 具有成本效益，更能減少測試範圍

2. 額外的（Additional）控制測試

係指於查核規劃階段取得內部控制的瞭解後，再於查核執行階段執行控制測試。基本上，於查核執行階段所執行的控制測試，應提供受查者全年中

合適且一致地應用控制結構政策和設計程序以及其運作有效性的證據。採行此項方式的原因可能是：

(1) 同時的控制測試的結果，能夠提供降低控制風險的有利證據。

(2) 審計人員取得額外的證據，能夠降低最初的控制風險評量。

(3) 符合成本效益。

通常執行額外的控制測試，是期望能夠取得支持較低的控制風險水準的證據。

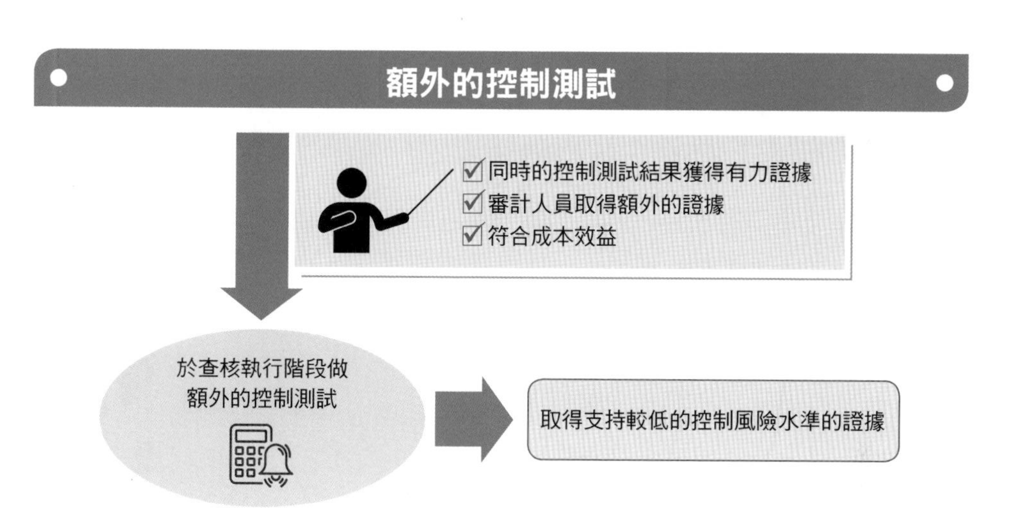

3. 雙重目的測試

一般而言，證實程序的執行時間較為接近期末，但是，可能視情況的需要也會於期中執行證實程序。因此，若於期中執行證實程序，同時執行額外的證實程序，此種情況即稱之為雙重目的測試。上述於期中執行的證實程序，依據一般公認審計準則之規定，應是允許於期中執行的交易類型詳細測試。例如：當審計人員檢查關於已核准的材料請購單、材料驗收單以及材料進貨發票的金額時，同時針對材料交易的控制政策和程序進行控制測試，例如：檢查已核准的材料請購單上授權人員的簽名，觀察材料驗收的執行活動等。

雙重目的的測試能夠使審計人員同時獲取關於交易金額以及內部控制政策和程序及其運作有效性的證據，而當執行此類測試時，查核人員應小心謹慎地設計測試，以確保能取得有關控制之有效及帳戶金額有無錯誤的證據。

一般實務上也認為，藉由雙重目的測試，將較分別進行控制測試和證實程序，更具有成本效益。

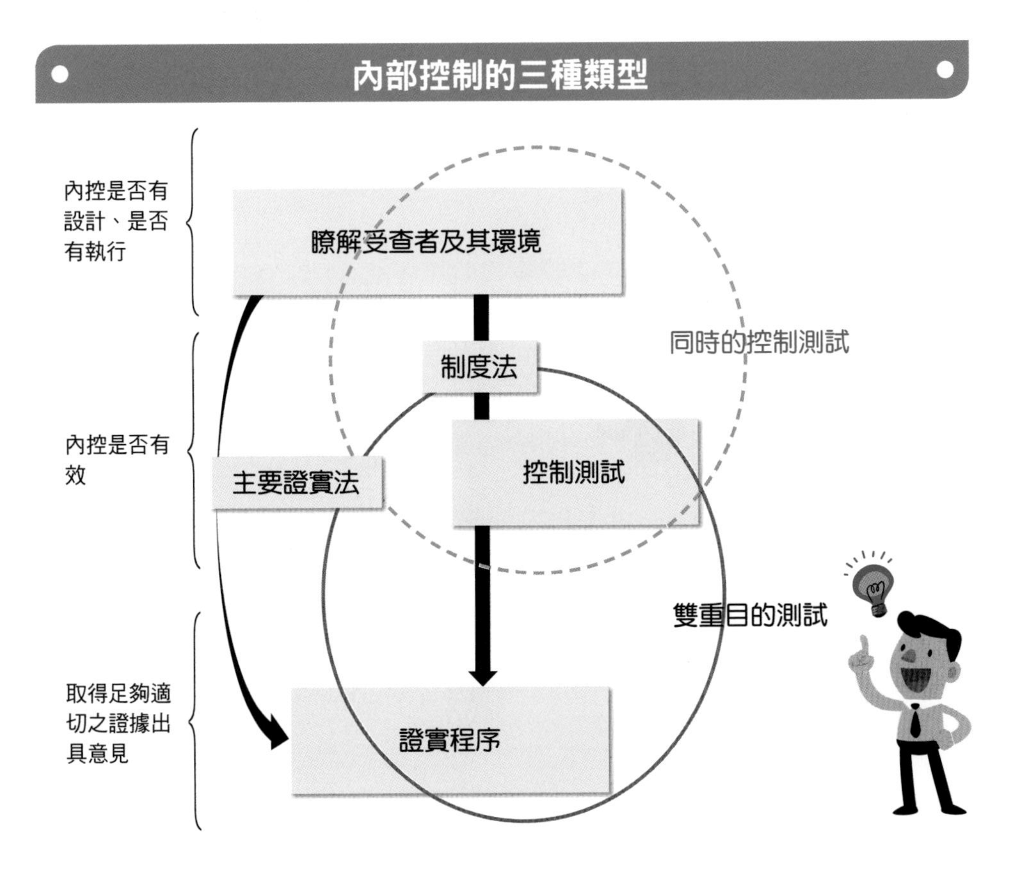

二、控制測試設計

查核策略的選擇之外，審計人員尚可以根據控制測試的時間、性質和範圍來設計控制測試。

1. 控制測試的性質

控制測試可以執行的查核方式如下：

(1) 觀察受查者對特定控制活動與其運作的情形。

(2) 詢問受查者管理當局相關的特定控制政策和程序。

(3) 檢查能證明控制程序之執行情形的文件憑證。

(4) 重新執行受查者特定的控制程序。

控制測試的查核方式

2. 控制測試的時間

(1) 控制測試依據查核策略的選擇不同，所執行的時點也隨之不同。控制測試時間的決定，主要是著重在查核的效率和效果。依據效率的觀點，控制測試應該在期中執行。

(2) 依據一般公認審計準則規定，審計人員應取得財務報表涵蓋年度中，所有的內部控制政策和程序以及其運作有效性的證據。因此，是否必須於期中執行控制測試之後的剩餘期間，執行額外的控制測試，取決於先前取得的證據所提供的控制資訊。

(3) 若是控制政策和程序發生重大改變，則審計人員應修正對於內部控制制度的瞭解，並且應進一步考量是否需要進行額外的控制測試，以提供支持控制風險水準的證據。

3. 控制測試的範圍

(1) 控制測試的範圍愈廣泛，所提供的證據將會相對較多，通常代表著能夠提供較多關於內部控制的結構政策和設計程序，以及其運作有效性的證據。

(2) 惟決定控制測試的範圍，應將執行控制測試的成本效益加以考量。

(3) 控制測試的範圍著重於證據的數量，前面章節曾經提到關於查核證據的性質和特性，除了數量之外，應將足夠性和適切性一併考慮。

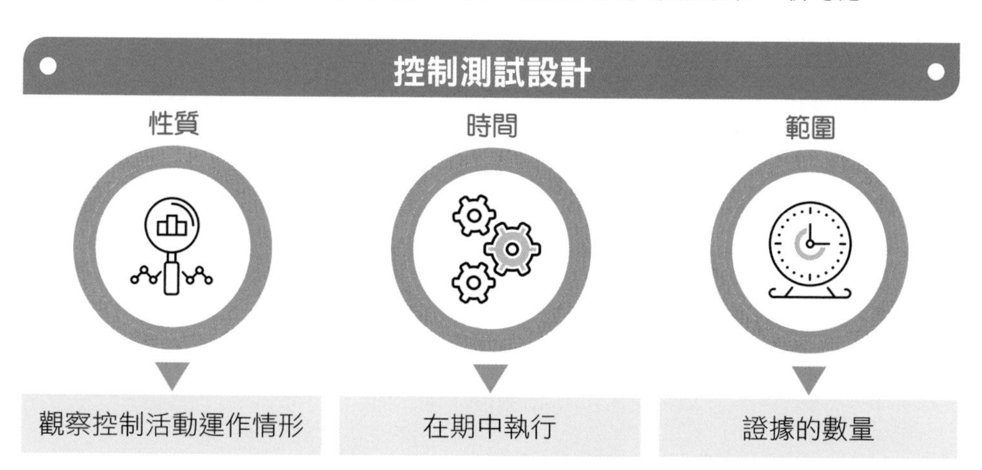

8-3 證實程序的設計

依據外勤工作準則之規定，審計人員必須取得充分適切的證據，俾作為對財務報表表示意見的合理依據，而證實程序的目的就是對於各項財務報表重大聲明提供允當性證據。

一、證實程序的性質

證實程序的查核方法有三項：

1. 分析性程序

分析性程序的主要目的，是在於辨認誤述風險較大的區域發生誤述的徵兆或是可能。分析性程序可以作為證實程序來執行查核工作，以獲得有關財務報表的各項重大聲明的證據，尚可以輔助詳細證實程序的查核工作，亦可以作為基本的證實程序。

分析性程序的查核方法：

(1) 比較本期與上期或前數期之財務資訊。

(2) 比較實際數與預計數。

(3) 分析財務報表各重要項目間之關係。例如：毛利率、存貨週轉率及應收帳款週轉率等。

(4) 比較財務資訊與非財務資訊的關係。例如：薪資和員工人數之關係。

大神突破盲點

誤述風險較大的區域主要是透過會計師的專業判斷，舉例而言，一家有大量設備的公司，會計師會特別注意該家公司的折舊數量和採用折舊的方法是否正確，當公司折舊數量突然大量增加但公司資產卻沒有增加，會計師就必須向管理階層詢問原因。此外，像人力企業等公司和物流企業這種需要大量人工的企業，就必須特別關注該公司的薪資費用和退休金比例的調整，這會是誤述風險比較大的區域，員工人數跟薪資費用應該也要成正比，當這些數字和預期的不一樣時就需要詢問管理階層原因。

2. 交易類型的細項測試

交易類型的細項測試包括順查和逆查。順查係指順著會計資訊系統的流程所執行之交易測試，逆查反之。例如：由已核准的銷貨通知單、送貨單和銷貨發票等會計憑證（支持性文件），順查至會計紀錄（包含總帳和明細帳）；或是由現金支出日記簿和永續盤存紀錄等的詳細分錄，逆查至已註銷支票和供應商發票等會計憑證（支持性文件）。

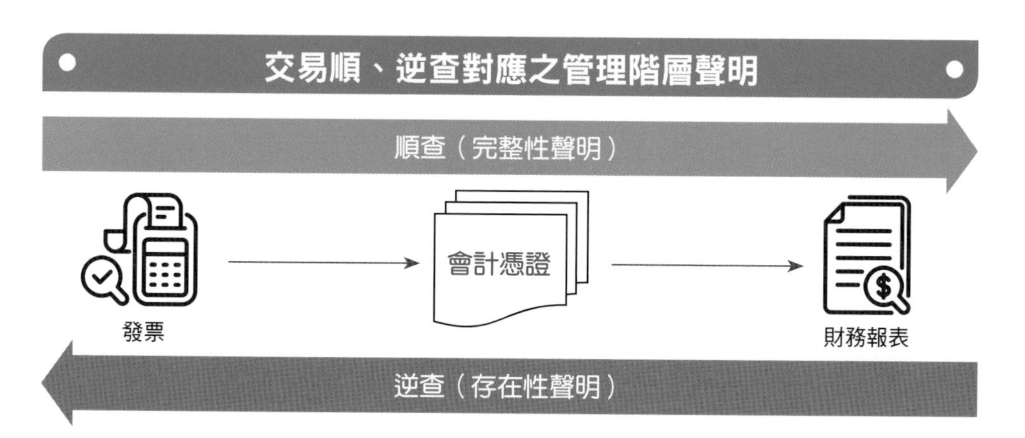

3. 科目餘額的細項測試

科目餘額的細項測試直接由科目餘額取得證據，而非由借、貸方紀錄來取得。例如：審計人員函證銀行以確認現金餘額，以及函證客戶以確認應收帳款餘額。審計人員也可以採用檢視固定資產、觀察存貨盤點及計算期末存貨的計價等方式來執行測試。

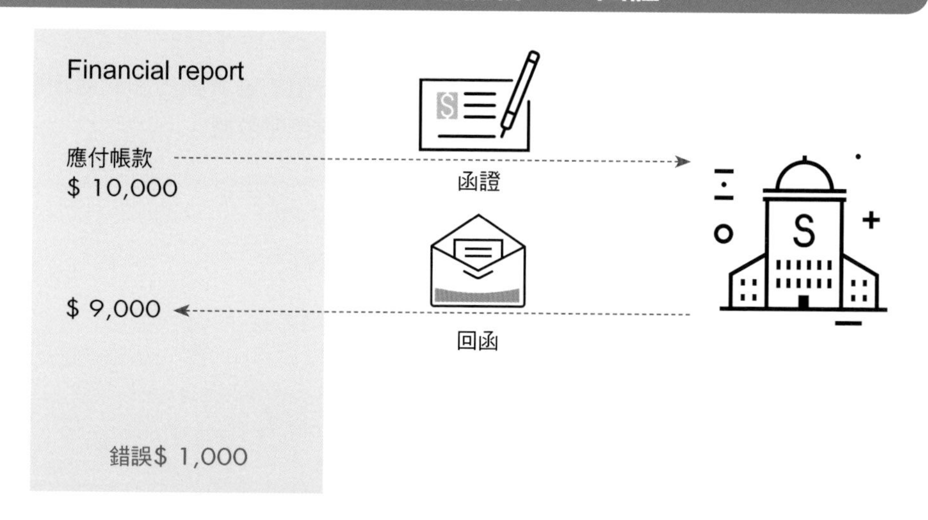

二、證實程序的時間

可接受的偵知風險水準可能影響證實程序執行的時間。若是可接受的偵知風險高，則可能於年度結束前數個月執行證實程序；反之，若是可接受的偵知風險低，則通常選擇在資產負債表日或是其前後執行證實程序。

審計人員可以在期中執行證實程序，而是否在期中執行之判斷，應根據能否達成下列目的來決定：

1. **控制增額的查核風險**：係指在資產負債表日科目中仍有誤述，卻無法偵知出來的風險。期中執行證實程序的日期距離資產負債表日愈遠，則該風險愈高。
2. **降低在資產負債表日執行證實程序的成本**：係指若於期中提早執行證實程序，能否符合既有之查核目標和成本效益之考量。

但是，若是後續於剩餘期間所執行的證實程序，能提供期中查核結果和期末實際狀況一致的合理證據，就屬於能夠控制增額的查核風險。

依據實務操作，除非審計人員執行控制測試時，能夠有評估風險較低的結論，或是內部控制制度很有效的結論，否則餘額證實程序的部分，不應提前於期中執行，而應於期末執行。縱然可以於期中執行證實程序，不過某些查核工作不可能提前完成，例如：審計人員可能在資產負債表日前觀察存貨盤點，以確定存在或發生及完整性聲明。然而，審計人員仍須到資產負債表日才能獲得關於存貨的市價資料，以確定評價與分攤的聲明。

期中證實程序，不能消除於資產負債表日進行證實程序的必要性。對於後續剩餘期間的證實程序，通常應包括：

1. 比較期中與期末的科目餘額，分析異常事項。
2. 其他分析性程序或是證實程序，作為期中查核的結果延伸至資產負債表日的合理基礎。

若是經過適當地規劃與執行，利用資產負債表日前的證實程序和剩餘期間的證實程序，將可以有效提供對於財務報表表示意見的合理依據。

評估風險和證據的關係

評估風險	高	低
可接受風險	低	高
性質	較有效	較無效
時間	期末	期中
範圍	大樣本	小樣本

三、證實程序的範圍

低偵知風險比高偵知風險需要更多或是更有效的證據。除了針對證實程序的性質作變動，以取得更有效的證據外，擴大證實程序的範圍同樣能夠提供更多數量的查核證據。範圍係指執行證實程序的次數和所測試的項目個數。執行的範圍大小的決定，有賴於審計人員的專業判斷。

學校沒教的會計潛規則

會計師事務所是查帳員工作的地方，查帳員的工作就是蒐集證據，將證據整理後交給會計師，會計師判斷出具什麼類型的報告。查帳人員的工作相當辛苦，因此常常聽到他們加班而苦不堪言，過去查帳人員加班至晚上兩、三點是常有的事。在面對高強度的工作壓力且要求足夠的專業度下，查帳人員的薪資卻相當的低，如果是四大會計師事務所相對會好一些，以四大會計師事務所 2019 年新進員工大學畢業為 3 萬 4 千元，而研究生為 3 萬 8 千元，如果新進員工是研究所且取得會計師執照的話起薪為 4 萬元，因此會計常被人說是賺不多但餓不死的職業。

相對的查帳員有一項好處就是可以看到不同的產業，且可以常常出差飛來飛去。通常一位查帳員需要處理的公司超過一家，因此面對的產業比較多樣，看到的市場資訊會比一般公司裡面的職員來得多，隔行如隔山。面對不同的產業，查帳員就必須學習多種情況，這樣的壓力下迫使查帳員加速學習，因此事務所常常被說是會計界的練功房。

審計抽樣

9-1 審計抽樣的定義

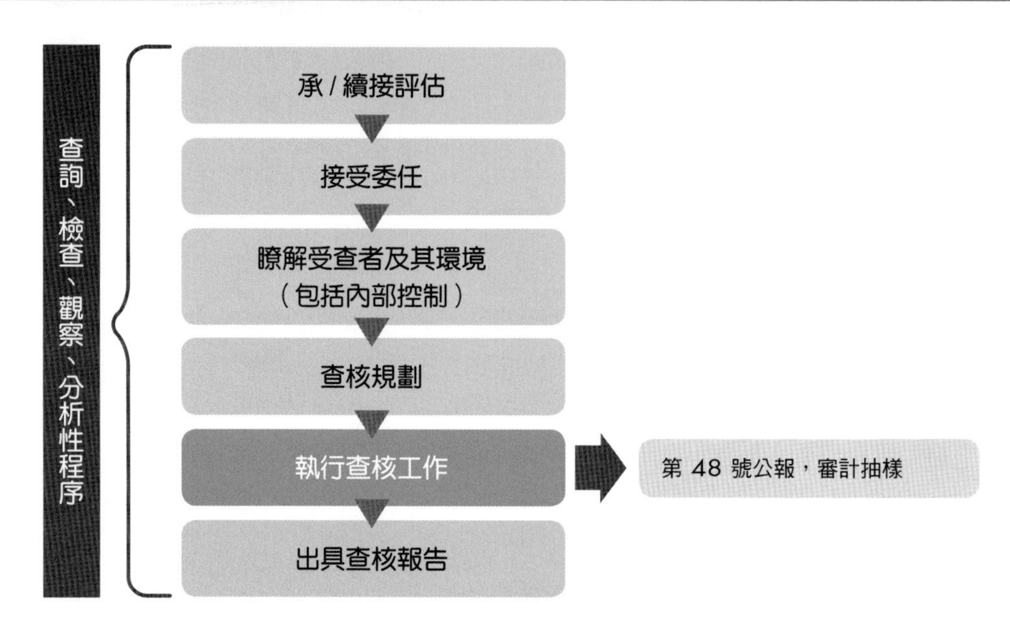

審計抽樣係指查核人員針對某類交易或某一科目餘額所選取之樣本，執行控制或證實測試，以獲取及評估有關該類交易或科目餘額特性之證據，並據以作成推估母體特性之查核結論。

查核抽樣適用於控制測試和證實測試二者。然而當執行測試時，查核抽樣並非適用於所有的查核程序，審計人員可使用抽樣以得知母體許多不同的特性。無論如何，大多數審計樣本都用以估計：(1) 偏差率；(2) 金額。就統計抽樣而言，抽樣技術分為屬性抽樣和變量抽樣。

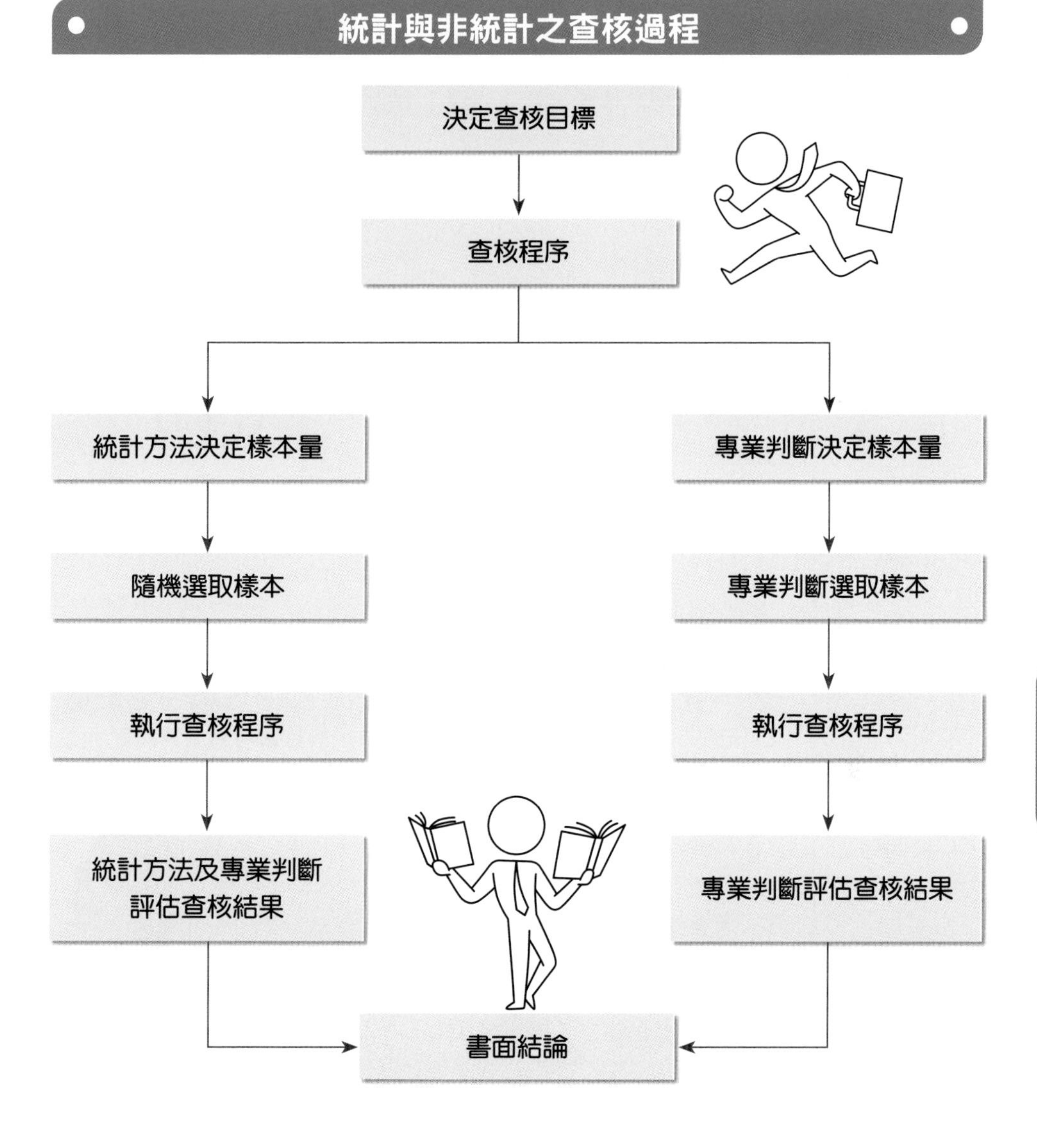
統計與非統計之查核過程
決定查核目標
查核程序
統計方法決定樣本量
專業判斷決定樣本量
隨機選取樣本
專業判斷選取樣本
執行查核程序
執行查核程序
統計方法及專業判斷
評估查核結果
專業判斷評估查核結果
書面結論

統計抽樣與非統計抽樣方法

	統計抽樣	非統計抽樣
定義	審計人員依據機率觀念進行抽樣，據以衡量和控制母體重大誤述之可能性的抽樣技術。	審計人員依據專業判斷，選取足以代表母體特性之樣本的抽樣技術，亦即審計人員基於主觀標準以及經驗，決定樣本大小並評估樣本結果。
優點	1. 設計有效的樣本。 2. 衡量所取得證據的足夠性。 3. 評估樣本結果，審計人員可以量化抽樣風險至可接受水準。	成本較低。
缺點	成本高： 1. 訓練審計人員之成本。 2. 設計樣本之成本。 3. 選取樣本之成本。	1. 抽樣風險無法量化。 2. 要抽查比實際需要更多的樣本，否則將承擔較高的風險。
共同點	1. 依據一般公認審計準則進行查核測試時，審計人員可以選用上述兩者之一，或是合併使用之，而且兩種抽樣查核方式皆能滿足外勤準則第三條的要求，意即審計人員將能夠取得足夠且適切的證據以表示意見。 2. 方法的選用主要基於成本效益之考量： (1) 所選用之查核方法。 (2) 所選用之查核程序。 (3) 所獲得證據之適切性。 3. 對錯誤之處理。 4. 無論使用統計抽樣或是非統計抽樣，都需要審計人員的專業判斷。	

屬性和變量抽樣技術

方法	類型	目的
屬性抽樣	控制測試	估計母體既定控制的偏差率
變量抽樣	證實測試	估計母體總金額或母體中的錯誤金額

查核抽樣方法之類別

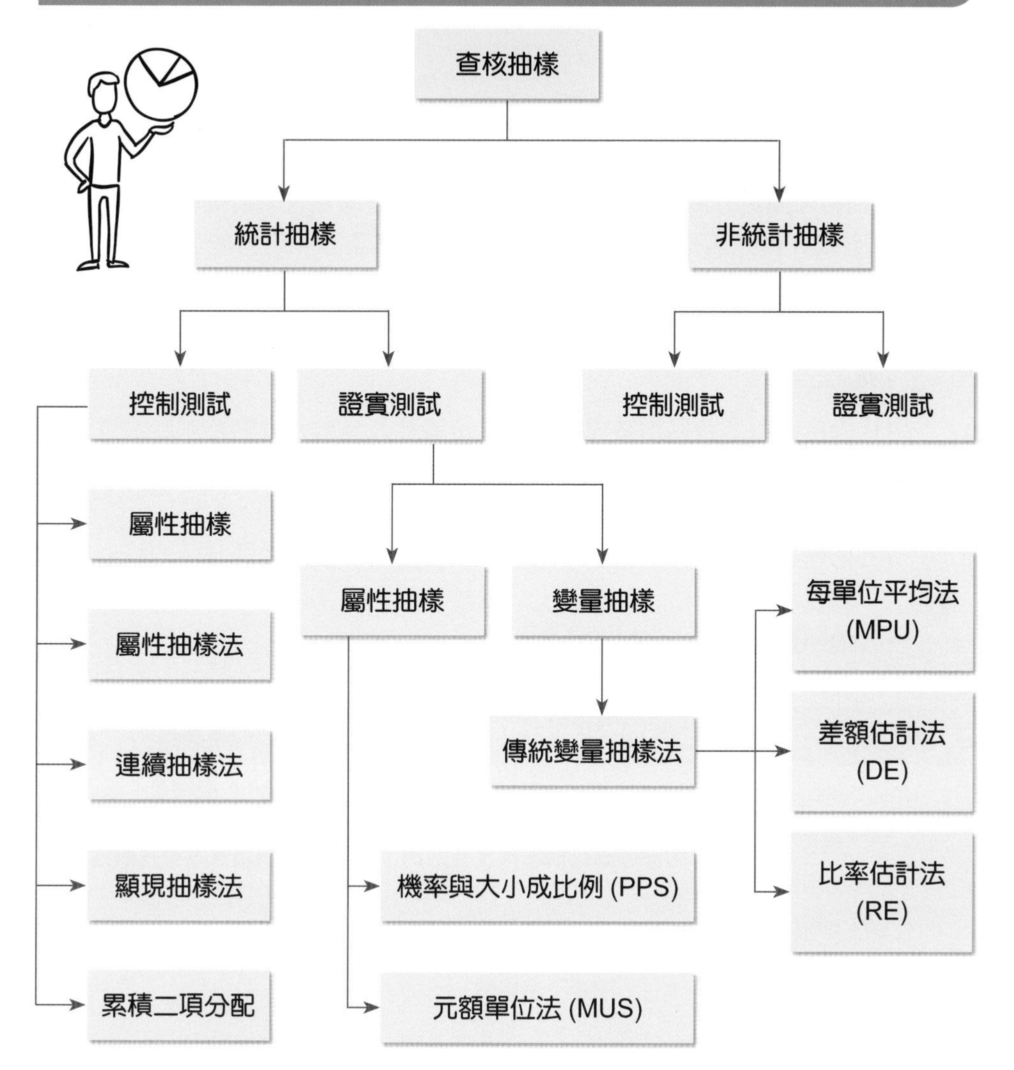

大神突破盲點

會計師執行查核工作時，如果全部採用全查成本會太高，因此會計師可以根據審計公報的規定，對需查核的證據採抽查，樣本數相較全部母體比率愈大，抽樣風險就會愈小。

9-2 控制測試抽樣風險和非抽樣風險

一、抽樣風險

當用抽樣來滿足外勤準則的要求時，應該瞭解不確定性來自抽樣風險和非抽樣風險。查核人員無論是否採用抽樣程序進行查核工作，均可能發生非抽樣風險。抽樣風險是指某一經適當選取的樣本，無法代表母體真實情況的可能性。可能發生下列型態的風險：

1. 控制測試

(1) 過度信賴風險係指當樣本結果支持審計人員對預計的控制風險評量水準的看法，而事實上，其控制程序結構並不支持，故又稱為對內部控制制度的過度信賴風險。

(2) 信賴不足風險係指當樣本結果並不支持審計人員對於預計的控制風險評量水準的看法，而事實上，其控制程序結構是支持的，故又稱為對內部控制制度的信賴不足風險。

控制測試對應之風險

樣本結果	母體	
	內部控制結構本身是有效的	內部控制結構本身是無效的
不拒絕	正確決策	過度信賴風險（Type II Error）
拒絕	信賴不足風險（Type I Error）	正確決策

2. 證實性程序

(1) 不當接受風險係指樣本支持科目餘額並未有重大誤述的結論，而實際上卻存有重大誤述，因而導致查核人員作成可予接受結論的風險。

(2) 不當拒絕風險係指樣本支持科目餘額有重大誤述的結論，而實際上並未存有重大誤述，因而導致查核人員作成不予接受結論的風險。

證實測試對應之風險

樣本結果	母　體	
	科目餘額本身允當	科目餘額本身不允當
不拒絕	正確決策	不當接受風險（Type II Error）
拒絕	不當拒絕風險（Type I Error）	正確決策

學校沒教的會計潛規則

會計師分別對內部控制和證實性程序蒐集證據時，會有四種錯誤的可能：過度信賴、信賴不足、不當接受、不當拒絕。這些風險中，不當拒絕和信賴不足會讓會計師需要蒐集更多的證據，因此只是效率上面的問題；而過度信賴和不當接受可能會使會計師將品質不佳的財務報表認為是優良的，而出具不適當的查核報告，因此這會是效果上的問題。會計師應該杜絕影響效果的不當接受和過度信賴的風險。

二、非抽樣風險

非抽樣風險係指並非僅對部分資料進行查核所導致的查核風險。此種風險來自：

1. 選用不當查核程序。
2. 執行查核程序的偏差。
3. 誤解查核結果。

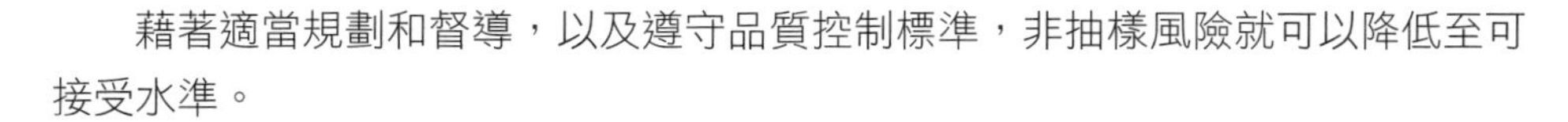

藉著適當規劃和督導，以及遵守品質控制標準，非抽樣風險就可以降低至可接受水準。

非抽樣風險

01 執行查核程序的偏差

02 選用不當查核程序

03 誤解查核結果

9-3 控制測試的統計抽樣

只有當所執行的控制程序，具有文書證據的審計軌跡時，才能用控制測試的屬性抽樣。為了進一步降低審計人員對控制風險的初步評量水準而執行額外的控制測試時，才會使用統計抽樣方法。

控制測試的統計抽樣計畫步驟是：

1. 決定查核目標。
2. 定義母體和抽樣單位。
3. 定義屬性。
4. 決定樣本選取的方法。
5. 決定樣本量。
6. 執行抽樣計畫。
7. 評估樣本結果。

一、決定查核目標

屬性抽樣通常用於控制測試，其查核目標是評估內部控制結構及程序是否有效運作。亦即利用統計的假說檢定，設立虛無假說。

二、定義母體和抽樣單位

母體係指查核人員為獲得查核結論而擬予抽樣之全部項目，而抽樣單位係指構成母體之個別項目。母體的選擇必須符合所欲查核的目標，所以母體應具有查核目標的特性。

三、決定選取樣本的方法

1. 隨機選取法

隨機選樣（Random Sample）係指對母體內或每一分層內之所有項目，以可事先計算之機會選取樣本（母體內各項目都有機會被選取）。簡單隨機抽樣法（Simple Random Sample Selection）則是指由母體 N 抽出 n 個樣本，每個樣本被抽中的機率均相等。

2. 分層選取法

分層是將母體劃分成相對同質的小群。從這些層次分別抽樣，樣本結果可以分別評估或是合併評估，以便估計整個母體之特性。該法優點為：查核項目之價值特別高或特別低，或是具有其他不尋常之特性時，如果將之劃分成各個具有同質的次母體，將會更具有代表性，且從同質性較高的母體抽取能夠代表母體的樣本相對較為容易。通常對個別的層次分別評估所需的查核項目，比評估整個母體之項目為少。提高抽樣程序的效率，可對不同層次使用不同的查核程序。

3. 區段選取法（非隨機）

區段樣本包含了某選定期間、某組連續數字或某組代號順序中的所有項目。例如：在測試現金支出的內部控制時，審計人員可能決定核對三月和九月的所有支出。在此情況下，抽樣單位是月份而非個別交易。因此，樣本包括了選自具有十二個區段的母體中的二個區段。區段抽樣除由母體中選取大量的區段外，否則不能藉以產生具有代表性的樣本。

4. 隨意選取法

隨意選取法是指審計人員用專業判斷由母體中選取方法，並無任何意識上的偏差存在。換言之，採取此法在心態上不能隨便，否則樣本將不具有母體代表性。例如：審計人員隨意打開某一個抽屜，選取該抽屜內的發票作為樣本。

四、決定樣本量

屬性抽樣中，樣本量的決定是由下列因素決定：

1. 若是評估控制風險過低險和預期母體偏差率不變時，樣本量和可容忍偏差率呈反向關係。

影響樣本量的因素

因素	定義／影響	來源	和樣本量的變動關係
評估控制風險過低險（Risk Assessing Control Risk Too Low, RACRTL）	評估內部控制有效性時預計的控制風險，影響查核效果。	查核目標、相關的內部控制結構、查核項目。	反向
可容忍偏差率（Tolerable Deviation Rate）	評估控制風險時，願意接受的最大偏差率。可容忍誤差愈小，查核人員所要求之樣本量愈大。		反向
預期母體偏差率（Expected Population Deviation Rate）	預期母體可能有的最大偏差率	過去經驗、對於內部控制的評估、預試（Pretest）	正向
母體大小	查核項目的總數	正向（僅總數小於 5,000 時，才成立）	

2. 若是可容忍偏差率和預期母體偏差率不變時，樣本量和評估控制風險過低險呈反向關係。
3. 若是評估控制風險過低險和可容忍偏差率不變時，樣本量和預期母體偏差率呈正向關係。

五、執行抽樣計畫

設計屬性抽樣計畫之後，直接選取樣本進行查核，以決定與既定的控制程序有關的所有偏差性質與次數。

六、評估樣本結果

據執行抽樣計畫的結果，首先計算樣本的偏差率，決定偏差上限（Upper Deviation Limit, UDL）與抽樣風險限額（Allowance for Sampling Risk, ASR）。

1. **計算樣本偏差率（Sample Deviation Rate, SDr）**

樣本偏差率＝樣本偏差次數 / 樣本數

2. **決定樣本偏差上限**

在特定審計人員所選擇的過度信賴風險之下，可以查表得知樣本偏差上限。樣本偏差上限係指，根據樣本中發現偏差的次數，指出母體中的最大偏差率（Maximum Deviation Rate），或已達成的精確度（Achieved Upper Precision Limit），再根據樣本偏差上限決定所得結果是否支持預計的控制風險評量。

判斷準則：樣本偏差上限小於或等於可容忍偏差率時，所得結果支持預計的控制風險評量；反之，樣本偏差上限大於可容忍偏差率時，則不支持。

3. 評估抽樣風險限額（Allowance for Sampling Risk）

計算抽樣風險限額的目的在於協助評估查核結果是否具有顯著重大偏差。統計上說法為：拒絕或是不拒絕虛無假說（即內部控制其執行有效之假說）。計算方式如下：

樣本偏差上限＝樣本偏差率＋抽樣風險限額

當樣本偏差率超過預計母體偏差率時，即表示抽樣風險限額會變大，因而導致偏差上限超過可容忍偏差率。

統計抽樣查核結果之評估：以支持為例

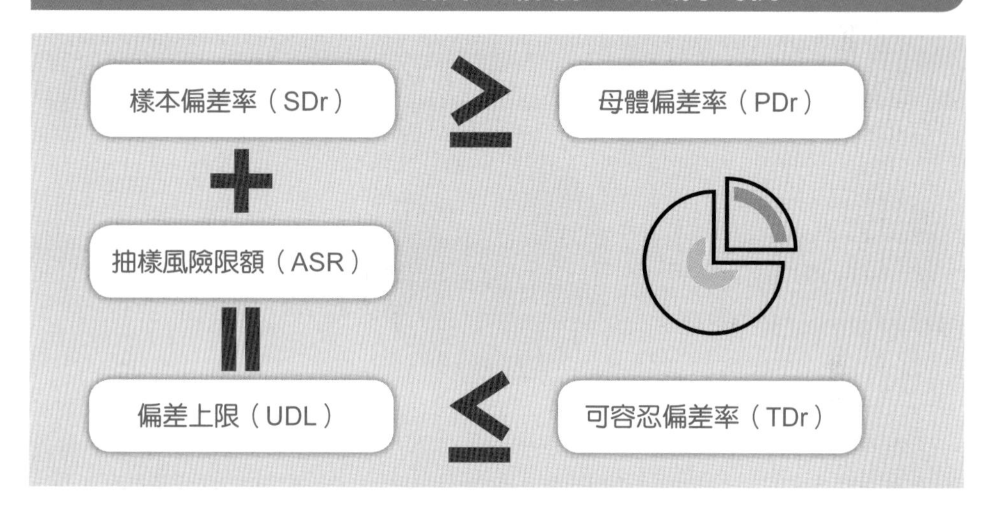

4. 顯現抽樣

顯現抽樣是一種屬性抽樣的修正型式，是當母體偏差率在某一特定比率以上，審計人員在預期母體偏差率等於 0% 的假設下（通常都接近於 0 或為 0），用來找出至少一個例外的方法。

顯現抽樣適用的情況是當母體偏差率相當低，而審計人員想要得到是否有關鍵性誤述（Critical Errors）之發生的情況。尤其是在下列情況時，利用顯現抽樣相當有用：

(1) 查核科目母體相當大時，其所組成的項目包含高度的控制風險。

(2) 懷疑舞弊已發生時。

(3) 在特定案件中，找尋額外的證據以判斷已知的舞弊是獨立發生或重複發生型態的一部分。

顯現抽樣的使用方法如下：

(1) 決定關鍵誤述的特性。

(2) 可信賴度。

(3) 最大可接受誤述發生率（偏差上限）。

(4) 母體的定義與大小。

5. 連續抽樣

連續抽樣法下，樣本的選取是由許多步驟組成，每一步驟的決定完全由上一步驟的結論而定，因此審計人員利用連續抽樣法可以提高查核效率。當審計人員預期母體偏差率為零或是很低時，利用連續抽樣法可以達到相當的查核效率。

連續抽樣法的優點在於母體偏差率相當低時，相對較固定樣本的屬性抽樣計畫所需之樣本較少，缺點則為當母體具有中等誤述時，所需樣本較大，成本較高。

在利用連續抽樣法時，審計人員首先要確認下列因素：

1. 評估控制風險過低險（或是預計的信賴度）。
2. 可容忍偏差率。
3. 利用查表得知樣本量。
4. 評估查核結果。

大神突破盲點

顯現抽樣的概念就好像在一群學生中，確保沒有一個人生病，在一定的信心水準下，至少需要抽查幾個學生。而連續抽樣是指會計師以統計的方法將樣本中連續選取多個樣本，以這些樣本的錯誤機率來推測全部樣本的錯誤比率，確保母體錯誤數是在可以接受的範圍。

9-4 證實性程序抽樣風險和非抽樣風險

在證實測試中，審計人員可以使用兩種類型的統計抽樣方法：

1. **屬性抽樣原理**
   (1) 機率與大小成比例抽樣法（Probability Proportional to Size, PPS）。
   (2) 元額單位抽樣法（Monetary Unit Sampling, MUS）。
2. **常態分配原理（傳統變量抽樣）**
   (1) 每單位平均數估計法（Mean Per Unit Estimation, MPU）。
   (2) 差額估計法（Difference Estimation, DE）。
   (3) 比率估計法（Ratio Estimation, RE）。

一、傳統變量抽樣

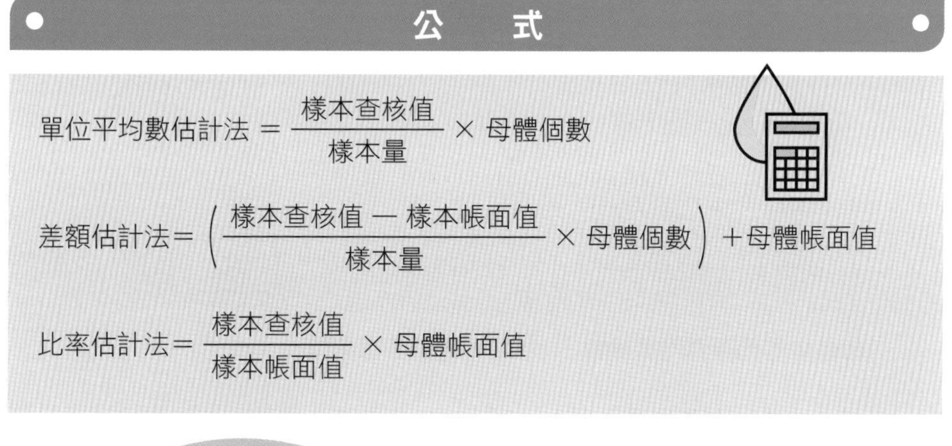

公　式

$$單位平均數估計法=\frac{樣本查核值}{樣本量}\times 母體個數$$

$$差額估計法=\left(\frac{樣本查核值-樣本帳面值}{樣本量}\times 母體個數\right)+母體帳面值$$

$$比率估計法=\frac{樣本查核值}{樣本帳面值}\times 母體帳面值$$

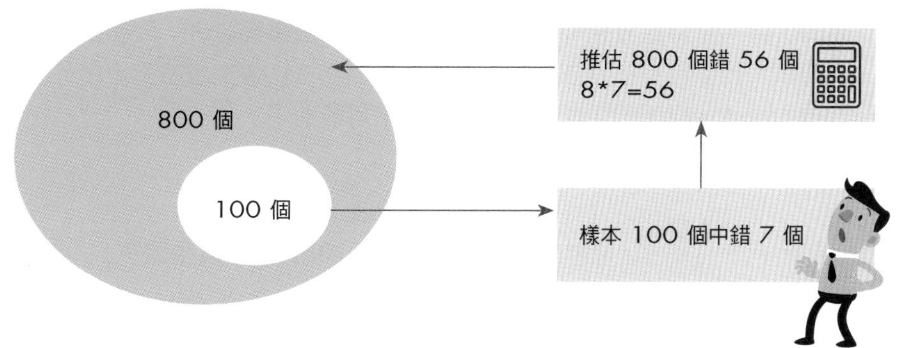

二、機率與大小成比例抽樣法

1. **決定抽樣計畫的目標**

在決定抽樣計畫的目標時，機率與大小成比例抽樣法最普遍的目標在獲得已紀錄帳戶餘額無重大誤述的證據。

2. **定義母體、抽樣單位及選定抽樣技術**

機率與大小成比例抽樣法，將母體定義為個別元額（Individual Dollars）所包含的母體帳面價值。此抽樣法的樣本單位是個別元額，母體則被視為與母體總元額相同的金額數。

母體中每一個元額都有同樣被選中的機會。雖然抽樣基礎是個別元額，但是審計人員查核的是與該個別元額相關的交易事項、文件及金額，或是稱之為「邏輯抽樣單位」（Logical Sampling Unit），當邏輯抽樣單位愈大，則其中所組成的個別元額愈多，被抽中的可能性將愈高，故稱之「機率與大小成比例抽樣法」。

機率與大小成比例抽樣法示意圖

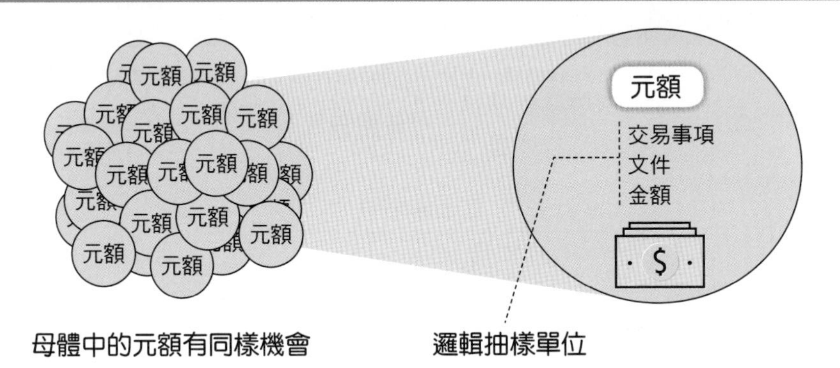

除此之外，在使用機率與大小成比例抽樣法時，應特別注意對於資產科目的測試。當測試資產時，零和貸餘應被排除在母體之外，因為該等項目不應該，也不可能被選為樣本。同理，此抽樣法性質上也將不適用於測試負債的低估，亦即因為低估得愈多，愈不可能抽中。

3. 決定樣本大小

$$\text{樣本量} = \frac{\text{母體帳面價值} \times \text{信賴因子}}{\text{可容忍誤差} - (\text{預期母體誤差} \times \text{擴張因子})}$$

(1) 母體帳面價值（Population Book Value, $BV_{\text{母}}$）

測試的帳面價值愈大，樣本量愈多。

(2) 信賴因子（Reliability Factor, RF）

審計人員決定錯誤接受風險的可接受程度，及經驗和專業判斷，通常須就下列項目加以考量：評估的查核風險、控制風險、控制測試的結果以及分析性覆核，並取得計算樣本量的信賴因子。

(3) 可容忍誤述（Tolerable Misstatement, TM）

科目餘額在被認定有重大誤述之前，所能夠接受的最大錯誤金額或是程度，即為可容忍誤述，或是稱之為重大性水準。

(4) 預期母體誤述（Anticipated Misstatement, AM）

審計人員對於科目餘額內誤述的預期，過高的預期誤述將不必要地增加樣本量，惟此類預期誤述大小涉及經驗、對於客戶的瞭解與專業判斷。

(5) 擴張因子（Expansion Factor, EF）

僅在有預期誤述的時候，才需要這項因子。可以利用錯誤接受風險的可接受水準查表。

4. 決定樣本選取的方法

機率與大小成比例抽樣法最常用的是系統選取法。

$$\text{樣本區間}=\frac{\text{母體帳面價值}}{\text{樣本數}}$$

5. 執行抽樣計畫

例如：順查、逆查和函證等查核程序都可以採用抽樣方法。

6. 評估樣本結果

(1) 誤述上限（UML）＝推計誤差（PM）＋抽樣風險限額（ASR）

(2) 抽樣風險限額（ASR）＝基本精確度（BP）＋增額限額（IA）

(3) 基本精確度（BP）＝信賴因子（RF）× 抽樣區間（SI）

(4) 推計誤差（PM）：審計人員對母體誤差的最佳推估。

三、元額單位抽樣法

元額單位抽樣法是利用屬性抽樣原理的一種抽樣方法，係以金額表示抽樣結論之抽樣計畫。元額單位抽樣法和機率與大小成比例抽樣法，二者最大之不同在於樣本量之決定。元額單位抽樣法是以查表方式計算樣本量；機率與大小成比例抽樣法則是以公式計算其樣本量。此外，元額單位抽樣法尚可以運用到科目餘額同時發生高、低估的時候；機率與大小成比例抽樣法僅能適用於高估的情況。至於其他的抽樣過程和機率，與大小成比例抽樣法無異。

元額單位抽樣法的樣本量和其他屬性抽樣法一樣，是以錯誤接受風險、可容忍偏差率和預期母體偏差率三者所構成之樣本量表，查表而得。

元額單位抽樣法與機率與大小成比例抽樣法之比較

01 元額單位抽樣法	02 機率與大小成比例抽樣法
以查表方式計算樣本量	以公式計算其樣本量
可以運用到科目餘額同時發生高、低估的時候	僅能適用於高估的情況
母體：貸餘可以，零被排除	母體：零和貸餘皆被排除

大神突破盲點

對於財務報表相關之內部控制有效性進行查核稱為控制測試，而對財務報表內容是否有重大誤述進行查核則稱為證實測試。對於控制測試進行的抽樣方法稱為屬性抽樣，舉例而言，抽查公司 10 次員工上下班打卡，發現有 5 次沒有確實打卡，代表有 50% 的機率控制測試沒有好好執行，所以屬性抽樣會是比率。

而證實測試進行的抽樣方法有屬性抽樣和變量抽樣兩種，財務報表錯誤由於可以計算出金額總數，因此變量抽樣是以金額表達，抽樣方法又稱為傳統的變量抽樣，然而我們也可以利用屬性抽樣的方法算出比率後再以比率算出確實的金額，這樣的方法有機率與大小成比例抽樣法和元額單位抽樣法。

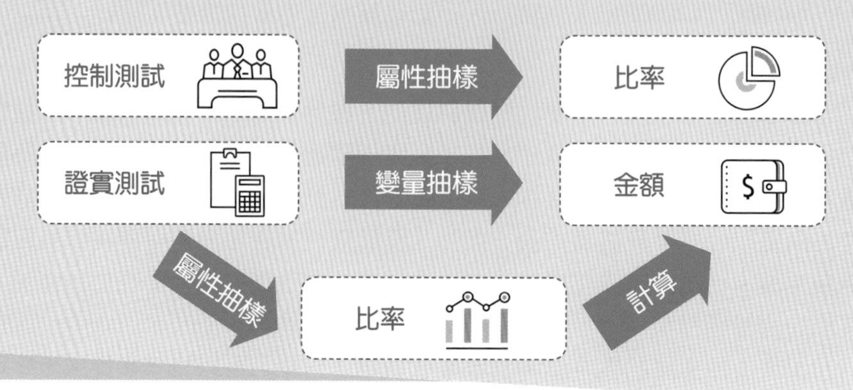

附錄　抽樣例表

樣本偏差上限（過度信賴風險 5%）

樣本量	實際發現的偏差次數								
	0	1	2	3	4	5	6	7	8
25	11.3	17.6	*	*	*	*	*	*	*
30	9.5	14.9	19.5	*	*	*	*	*	*
35	8.2	12.9	16.9	*	*	*	*	*	*
40	7.2	11.3	14.9	18.3	*	*	*	*	*
45	6.4	10.1	13.3	16.3	19.2	*	*	*	*
50	5.8	9.1	12.1	14.8	17.4	19.9	*	*	*
55	5.3	8.3	11.0	13.5	15.9	18.1	*	*	*
60	4.9	7.7	10.1	12.4	14.6	16.7	18.8	*	*
65	4.5	7.1	9.4	11.5	13.5	15.5	17.4	19.3	*
70	4.2	6.6	8.7	10.7	12.6	14.4	16.2	18.0	19.7
75	3.9	6.2	8.2	10.0	11.8	13.5	15.2	16.9	18.4
80	3.7	5.8	7.7	9.4	11.1	12.7	14.3	15.8	17.3
90	3.3	5.2	6.8	8.4	9.9	11.3	12.7	14.1	15.5
100	3.0	4.7	6.2	7.6	8.9	10.2	11.5	12.7	14.0
125	2.4	3.7	4.9	6.1	7.2	8.2	9.3	10.3	11.3
150	2.0	3.1	4.1	5.1	6.0	6.9	7.7	8.6	9.3
200	1.5	2.3	3.1	3.8	4.5	5.2	5.8	6.5	7.1

樣本偏差上限（過度信賴風險 10%）

樣本量	實際發現的偏差次數								
	0	1	2	3	4	5	6	7	8
20	10.9	18.1	*	*	*	*	*	*	*
25	8.8	14.7	19.9	*	*	*	*	*	*
30	7.4	12.4	16.8	*	*	*	*	*	*
35	6.4	10.7	14.5	18.1	*	*	*	*	*

樣本量	實際發現的偏差次數								
	0	1	2	3	4	5	6	7	8
40	5.6	9.4	12.8	15.9	19.0	*	*	*	*
45	5.0	8.4	11.4	14.2	17.0	19.6	*	*	*
50	4.5	7.6	10.3	12.9	15.4	17.8	*	*	*

顯現抽樣表

至少發生一個關鍵偏差的機率（母體為 2,000 至 5,000 個）可信賴度

樣本量	偏差上限（UDL）							
	0.3%	0.4%	0.5%	0.6%	0.8%	1%	1.5%	2%
50	14%	18%	22%	26%	33%	40%	53%	64%
60	17	21	26	30	38	45	60	70
70	19	25	30	35	43	51	66	76
80	22	28	33	38	48	56	70	80
90	24	31	37	42	52	60	75	84
100	26	33	40	46	56	64	78	87
120	31	39	46	52	62	70	84	91
140	35	43	51	57	68	76	88	94
160	39	48	56	62	73	80	91	96
200	46	56	64	71	81	87	95	98
240	52	63	71	77	86	92	98	99
300	61	71	79	84	92	96	99	99+
340	65	76	83	88	94	97	99+	99+
400	71	81	88	92	96	98	99+	99+
460	77	86	91	95	98	99	99+	99+
500	79	88	93	96	99	99	99+	99+
600	85	92	96	98	99	99+	99+	99+
700	90	95	98	99	99+	99+	99+	99+
800	93	97	99	99	99+	99+	99+	99+
900	95	98	99	99+	99+	99+	99+	99+
1,000	97	99	99+	99+	99+	99+	99+	99+

顯現抽樣表

至少發生一個關鍵偏差的機率（母體為 5,000 至 10,000 個）可信賴度

樣本量	偏差上限（UDL）							
	0.1%	**0.2%**	**0.3%**	**0.4%**	**0.5%**	**0.75%**	**1%**	**2%**
50	5%	10%	14%	18%	22%	31%	40%	64%
60	6	11	17	21	26	36	45	70
70	7	13	19	25	30	41	51	76
80	8	15	22	28	33	45	56	80
90	9	17	24	31	37	49	60	84
100	10	18	26	33	40	53	64	87
120	11	21	30	39	45	60	70	91
140	13	25	35	43	51	65	76	94
160	15	28	38	48	55	70	80	96
200	18	33	45	56	64	74	87	98
240	22	39	52	62	70	84	91	99
300	26	46	60	70	78	90	95	99+
340	29	50	65	75	82	93	97	99+
400	34	56	71	81	87	95	98	99+
460	38	61	76	85	91	97	99	99+
500	40	64	79	87	92	98	99	99+
600	46	71	84	92	97	99	99+	99+
700	52	77	89	95	98	99+	99+	99+
800	57	81	92	96	99	99+	99+	99+
900	61	85	94	98	99	99+	99+	99+
1,000	65	88	96	99	99+	99+	99+	99+
1,500	80	96	99	99+	99+	99+	99+	99+
2,000	89	99	99+	99+	99+	99+	99+	99+

顯現抽樣表

至少發生一個關鍵偏差的機率（母體為 10,000 個以上）可信賴度

樣本量	偏差上限（UDL）							
	0.01%	0.05%	0.1%	0.2%	0.3%	0.5%	1%	2%
50	1%	2%	5%	9%	14%	22%	39%	64%
60	1	3	6	11	16	26	45	70
70	1	3	7	13	19	30	51	76
80	1	4	8	15	21	33	55	80
90	1	4	9	16	24	36	60	84
100	1	5	10	18	26	39	63	87
120	1	6	11	21	30	45	70	91
140	1	7	13	24	34	51	76	94
160	2	8	15	27	38	55	80	96
200	2	10	18	33	45	63	87	98
240	2	11	21	38	51	70	91	99
300	3	14	26	45	59	78	95	99+
340	3	16	29	49	64	82	97	99+
400	4	18	33	55	70	87	98	99+
460	5	21	37	60	75	90	99	99+
500	5	22	39	63	78	92	99	99+
600	6	26	45	70	84	95	99+	99+
700	7	30	50	75	88	97	99+	99+
800	8	33	55	78	91	98	99+	99+
900	9	36	59	84	93	99	99+	99+
1,000	10	39	63	88	95	99+	99+	99+
1,500	14	53	78	95	99	99+	99+	99+
2,000	18	63	86	98	99+	99+	99+	99+
2,500	22	71	92	99	99+	99+	99+	99+
3,000	26	78	95	99+	99+	99+	99+	99+

連續抽樣：最小樣本量表

可容忍偏差率 (%)	評估控制風險過低險		
	10%	**5%**	**1%**
10	24	30	37
9	27	34	42
8	30	38	47
7	38	43	53
6	40	50	62
5	48	60	74
4	60	75	93
3	80	100	124
2	120	150	185
1	240	300	370

連續抽樣法下的母體偏差上限

偏差數	評估控制風險過低險			偏差數	評估控制風險過低險		
	10%	**5%**	**1%**		**10%**	**5%**	**1%**
0	2.4	3.0	3.7	12	18.0	19.5	21.0
1	3.9	4.8	5.6	13	19.0	21.0	22.3
2	5.4	6.3	7.3	14	20.2	22.0	23.5
3	6.7	7.8	8.8	15	21.4	23.4	24.7
4	8.0	9.2	10.3	16	22.6	24.3	26.0
5	9.3	10.6	11.7	17	23.8	26.0	27.3
6	10.6	11.9	13.1	18	25.0	27.0	28.5
7	11.8	13.2	14.5	19	26.0	28.0	29.6
8	13.0	14.5	15.8	20	27.1	29.0	31.0
9	14.3	16.0	17.1	21	28.3	30.3	32.0
10	15.5	17.0	18.4	22	29.3	31.5	33.3
11	16.7	18.3	19.7	23	30.5	32.6	34.6

偏差數	評估控制風險過低險		
	10%	5%	1%
24	31.4	33.8	35.7
25	32.7	35.0	37.0
26	34.0	36.1	38.1
27	35.0	37.3	39.4
28	36.1	38.5	40.5
29	37.2	39.6	41.7
30	38.4	40.7	42.9
31	39.1	42.0	44.0
32	40.6	43.0	45.1
33	41.5	44.2	46.3
34	42.7	45.3	47.5
35	43.8	46.4	48.8
36	45.0	47.6	49.9
37	46.1	48.7	51.0

偏差數	評估控制風險過低險		
	10%	5%	1%
38	47.2	49.8	52.1
39	48.3	51.0	53.4
40	49.4	52.0	54.5
41	50.5	53.2	55.6
42	51.6	54.5	56.8
43	52.6	55.5	58.0
44	54.0	56.6	59.0
45	55.0	57.7	61.3
46	56.0	59.0	61.4
47	57.0	60.0	62.6
48	58.0	61.1	63.7
49	59.7	62.2	64.8
50	60.4	63.3	65.0
51	61.5	64.5	67.0

查核電子資料處理系統

10-1 基本概念

10-2 電腦資訊系統環境之風險及其內部控制之特性

10-3 電腦資訊系統之控制

10-4 查核策略

10-1 基本概念

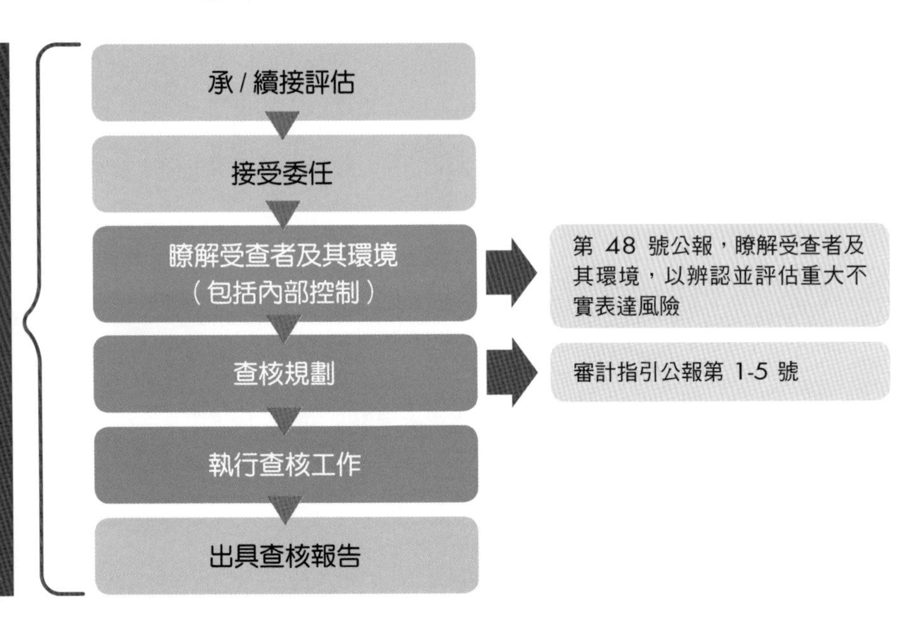

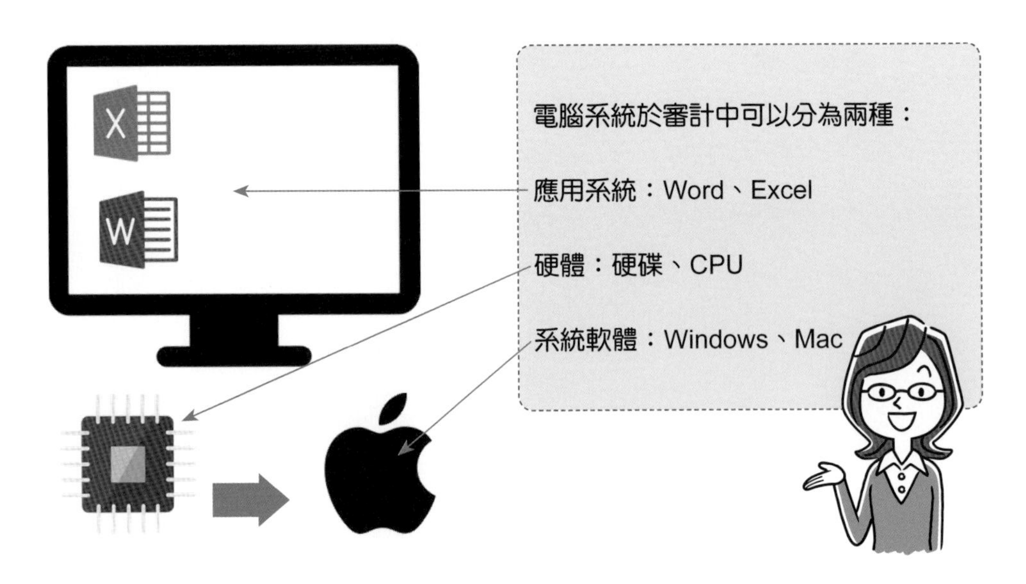

電子資料處理系統，即所謂的 EDP 系統（Electronic Data Processing System），亦稱為電腦資訊系統，係指利用電子計算機處理日常交易的系統而

言。而查核電子資料處理系統，則是指查核人員透過人工或電腦系統蒐集證據，以決定委託客戶所使用之 EDP 系統是否能確實達到組織目標之查核程序。

大神突破盲點

目前大部分的公司都以電腦執行公司記帳工作，會計師在查核時，有可能需要懂得電腦相關的知識，以輔助執行查核過程。

在電腦資訊系統環境下，查核人員之查核目的及查核範圍不因之而改變，惟查核人員所執行之查核程序及證據之蒐集方式，將隨著受查者處理、儲存及傳輸財務資訊模式之變動而改變，進而影響其會計制度及內部控制。此種環境可能對查核人員執行下列工作時造成影響：

1. 瞭解受查者會計制度及內部控制之程序。
2. 對固有風險及控制風險之考量。
3. 控制測試及證實測試之設計及執行。

電子資料處理系統與傳統人工作業系統之比較

電子資料處理系統	傳統人工作業系統
書面證據較少	書面證據較多
文件及紀錄多儲存於電腦中，必須透過電腦讀取方能閱讀資訊內容（虛擬化）	資訊係實體存在於空間中（實體化）
由於人工處理程序的減少，無形中減少經由人工檢查發現錯誤的機率	可經由人工處理檢驗錯誤
較易遭受到由天然災害、系統故障等因素發生之損失	遭受由天然災害、系統故障等因素發生損失之機率相對較小
職能分工程度較低	職能分工程度較高
處理系統之更改及控制較困難	處理控制及更改較容易
相同交易一致性程度較高	相同交易一致性程度較低
即時化程度較高	即時化程度較低

一、一般準則

查核人員應具備足夠之一般性電腦資訊系統知識，以規劃、督導及覆核查核工作，並考量查核工作之執行是否需具備電腦資訊系統之專門技術：

1. 以充分瞭解電腦資訊系統環境對會計制度及內部控制之影響。
2. 決定電腦資訊系統環境對評估整體風險與各科目餘額及各類交易風險之影響程度。
3. 設計及執行適當之控制測試及證實測試。

二、外勤準則

查核工作可能因受查者電腦資訊系統環境而受影響。因此，查核人員於擬訂查核計畫時應瞭解：

1. 電腦處理會計作業之重要性與複雜度。
2. 受查者電腦資訊系統作業之組織結構與電腦處理集中及分散之程度。
3. 取得電腦作業資料之難易程度。

對於受查者內部控制應作充分之瞭解，藉以規劃查核工作，決定抽查之性質、時間及範圍。

1. 取得對內部控制之充分瞭解，藉以規劃查核工作。
   (1) 充分瞭解一般控制及應用控制。一般而言，當查核人員檢查電子資料處理系統時，通常先檢討一般控制，因為應用控制是否有效，係有賴於一般控制是否有效而定。
   (2) 瞭解利用電子資料處理之重要交易類型、處理過程、相關會計紀錄及文件等資訊。
2. 評估控制風險，藉以設計額外控制測試。
3. 執行額外控制測試之方法：如透過電腦查核、繞過電腦查核等。
4. 重新評估控制風險，並藉以決定適當的證實測試之性質、時間及範圍。

電腦導入審計後，審計面臨一小段的衝撞期，目前審計還停留在比較舊有的觀念，例如：審計人員認為書面原始憑證比非書面憑證的證據力來得大。然而在電腦導入加密技術後，只要利用數位簽章或雜湊函數等方法都可以確保電子內容未被更改，甚至可以確保函證的來源，這些技術理論上都可以比原始書面更有證據力。大部分公司都會對資料做備份，完全不會有系統故障而資料遺失的問題，因此審計公報指引中的電腦審計部分內容有很多地方需要再加以討論。

10-2 電腦資訊系統環境之風險及其內部控制之特性

大神突破盲點

電腦系統因為需要的人力比較少，因此分工將會比較少。在公司內部控制中，可以將系統設計、維護人員和資料輸入、電腦操作人員分開。

一般而言，電腦資訊系統環境之風險及其內部控制之特性如下：

1. 缺乏交易軌跡

   大多數的電腦資訊系統並未設計成可達成查核目的之完整交易軌跡，或雖有完整交易軌跡，但僅存在於一段短暫的時間，只能以電腦讀取。因此當系統程式發生錯誤時，無法及時以人工作業程序偵測出來。

2. 處理程序一致

   電腦系統對於同類交易以相同方式處理，因此當程式設計錯誤或電腦的軟硬體發生系統錯誤時，會造成所有同類交易的處理不正確。

3. 缺乏職能分工

   電腦資訊系統可能將人工作業制度下各自分工之控制程序集中由電腦處理，因此電腦程式設計工作與資料處理工作應分別由不同人員擔任。

4. 發生錯誤及舞弊的可能性

   電腦化資訊系統環境下發生人為錯誤及舞弊之可能性高於人工處理制度，原因包含：

   (1) 資訊系統之開發、維護及執行較為複雜。

   (2) 在資訊系統環境下，對於未經授權便擅自存取及更改資料的狀況，較難以偵察出來。

   (3) 由於人工作業的減少，導致可經由人工作業而偵察出錯誤或舞弊之機率降低。因設計或修改應用程式所產生的錯誤或舞弊，相對而言，較無法及時被偵察出來。

5. 交易由電腦自動產生或執行

   在資訊系統環境下，管理階層之授權動作可能發生在系統設計或修改之時，便已核准該交易，使電腦資訊系統可自動產生或執行該筆交易，此核准動作之時點與人工作業之核准時點有所不同。

6. 內部控制依賴電腦控制

   人工控制程序之執行可能有賴於電腦系統所產生之報表或其他相關資料。因此，電腦資訊系統控制成功與否，係決定交易控制是否成功之關鍵；交易控制成功與否之關鍵則決定了人工控制程序之有效性。

7. 可提升管理階層監督能力

   管理階層可藉由電腦資訊系統所提供覆核及監督企業營運之各種分析工具，強化整體內部控制。

8. 可使用電腦輔助查核技術

   利用電腦進行資料處理及分析大量資料時，可使用電腦通用或專用查核技術，進行查核測試。

上述電腦資訊系統所衍生之風險及內部控制之特性，對查核人員評估風險與決定查核程序之性質、時間及範圍，會產生一定程度之影響。

電腦資訊系統環境之風險及其內部控制之特性

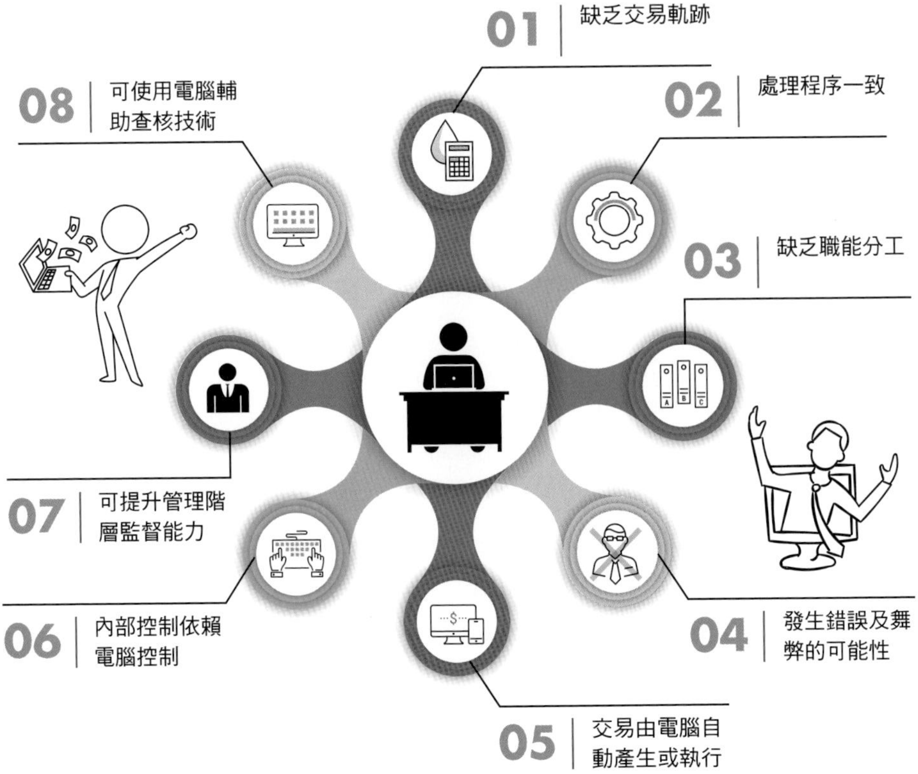

01 缺乏交易軌跡

02 處理程序一致

03 缺乏職能分工

04 發生錯誤及舞弊的可能性

05 交易由電腦自動產生或執行

06 內部控制依賴電腦控制

07 可提升管理階層監督能力

08 可使用電腦輔助查核技術

10-3 電腦資訊系統之控制

電腦化資訊系統之控制可分為一般控制與應用控制。

01 一般控制

1. 組織及管理控制
2. 應用系統開發與維護控制
3. 電腦操作控制
4. 系統軟體控制
5. 資料輸入及程式控制

02 應用控制

1. 輸入控制
2. 處理及電腦資料檔控制
3. 輸出控制

一般控制之目的係建立對電腦資訊系統作業之控制架構，以合理確保內部控制整體目標之達成。

一般控制可分為：

1. 組織及管理控制——建立電腦資訊系統作業之組織架構，包括：
   (1) 管理控制相關職能之政策及程序。
   (2) 職能之適當分工，例如：交易輸入、程式設計及電腦操作應由不同人員執行。
2. 應用系統開發與維護控制——通常須對下列事項建立控制程序，以合理確保系統開發與維護之授權：
   (1) 新系統或更新系統之測試、轉換、導入及其相關文件之紀錄。
   (2) 應用系統之變更。
   (3) 系統文件之存取。
   (4) 外購或委外開發之應用系統。
3. 電腦操作控制——建立系統操作之控制程序，以合理確保下列事項：
   (1) 系統僅在經授權之目的下使用。
   (2) 僅經授權之人員可操作電腦。
   (3) 僅可使用經授權之程式。
   (4) 處理之錯誤可被偵測並更正。
4. 系統軟體控制——對下列事項建立控制程序，以合理確保系統軟體取得與開發之授權及效率：

(1) 新系統軟體或修改系統軟體之授權、核准、測試、導入及其相關文件之紀錄。

(2) 經授權之人員可存取系統軟體及相關文件之限制。

5. 資料輸入及程式控制——建立控制程序，以合理確保下列事項：

(1) 資料及電腦程式之異地備份。

(2) 遭竊、遺失或損毀時之復原程序。

(3) 災難發生時之異地備援措施。

應用控制之目的係建立應用系統特定之控制程序，以合理確保所有交易之適當授權、記錄及其處理之完整、正確與及時性。

應用控制可分為：

1. 輸入控制——建立控制程序，以合理確保下列事項：

(1) 交易於電腦處理前業經適當授權。

(2) 交易已適當轉換為機器可讀取之型態，且已記錄於電腦資料檔。

(3) 交易無遺漏、虛增、重複或不當更改之情形。

(4) 錯誤交易業經拒絕、更正，如有必要，應及時重新輸入。

2. 處理及電腦資料檔控制——建立控制程序，以合理確保下列事項：

(1) 交易（包括系統自動產生之交易）業經電腦適當處理。

(2) 交易無遺漏、虛增、重複或不當更改之情形。

(3) 處理錯誤業經辨識且及時更正。

3. 輸出控制——建立控制程序，以合理確保下列事項：

(1) 處理結果之正確性。

(2) 僅經授權之人員可存取輸出結果。

(3) 輸出結果及時提供予適當之權責人員。

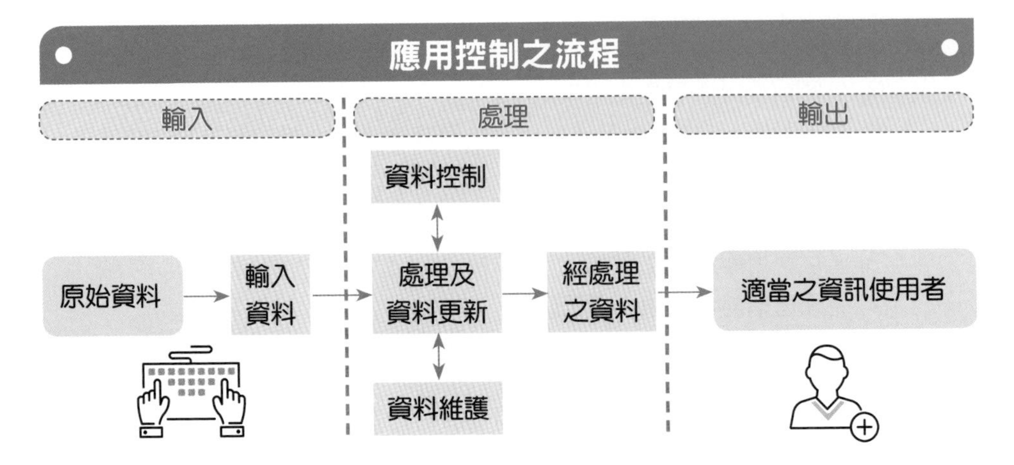

10-4 查核策略

一、繞過電腦審計

繞過電腦審計係指查核人員在抽查的基礎下，以人工處理輸入資料，再將所得結果與客戶電腦系統輸出的結果加以比較，若人工處理與輸出報表兩者結果皆相同，則假定系統控制已經適當處理。

繞過電腦審計

繞過電腦審計之缺點

(1) 無法以電腦節省人力或時間。

(2) 查核品質較低。

(3) 受查對象受限：假使客戶採用資料庫系統或其他電腦資訊系統運作，則此法之使用將受限制。

(4) 當環境變遷致系統過時，查核人員無法及時提供新的處理程序。

繞過電腦審計之優點

(1) 簡單、容易執行。

(2) 風險低：不會破壞受查者系統內之真實資料。

(3) 查核成本較低。

二、透過電腦審計

透過電腦審計係指查核人員利用電腦及程式作為查核工具之方法。查核人員採用透過電腦查核策略之適用情況：

1. 電腦資訊系統具重大性且複雜程度高。
2. 部分書面審計軌跡取得困難，須透過電腦系統取得資料內容，並測試電腦控制程序。
3. 原始資料沒有實質憑證的保存。

透過電腦審計

透過電腦審計之缺點

(1) 查核人員須經專業的訓練及培養。

(2) 當查核人員使用電子資料系統時，可能會損壞到受查客戶的資料內容。

透過電腦審計之優點

(1) 可節省查核過程中大量的人力及時間。

(2) 審計查核品質較高。

(3) 可擴大對委託客戶的服務範圍。

透過電腦審計 VS. 繞過電腦審計

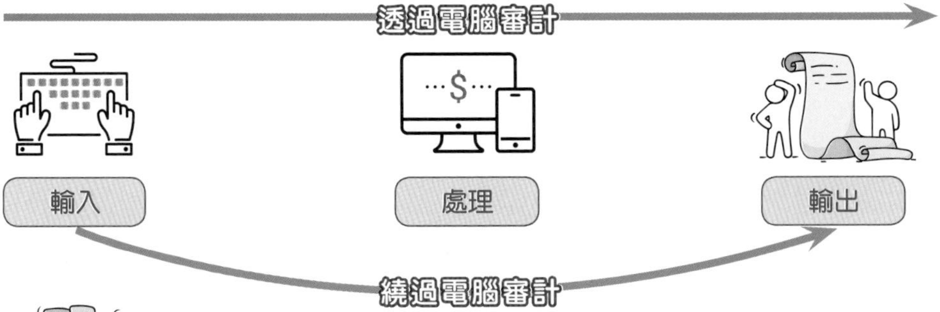

透過電腦審計

輸入　處理　輸出

繞過電腦審計

學校沒教的會計潛規則

隨著科技的進步，會計是無庸置疑未來會被人工智慧（AI）取代的，會計師的工作是否會在未來消失呢？很多的論文以人工智慧、大數據和區塊鏈對會計、審計進行研究，對於公司記帳的會計來說，科技很快就會取代，然而會計師的工作在決策方面可能較難被取代，但依然會因為這些科技的進步而有所改變。

原因為何呢？ AI 可以根據大數據來分析最優解，評斷哪些訊息出現後錯誤和舞弊的風險比較高，然而商業決策常常需要考慮賽局的問題，在認為受查者都是真誠善良的情況下使用 AI 是良好的，但若遇到惡意的管理階層，使用 AI 查核就好比將所有查核程序公布給受查者，受查者只要針對每項特徵進行防範，舞弊將難以偵察，因此 AI 會改變審計的方法，但要完全取代仍然有難度。

Chapter 11

查核收入循環

11-1 收入循環之流程與查核目標

收入循環之流程圖

業務部門 → 徵信部門 → 倉儲部門 → 會計部門 → 憑證

訂單　銷貨單　出貨單　銷貨發票

收入循環係由企業與客戶從事商品與勞務之交換，以及與現金收入有關的活動組合。收入循環對於每家公司而言，幾乎都扮演著舉足輕重的角色，但其實際的應用方式，則因客戶的不同而有所差異。在收入循環之下，由於許多活動的性質（如：銷貨收入容易被高估），造成一些財務報表聲明的固有風險必須維持在較高的狀態。因此，在進行收入循環的查核時，應審慎評估受查者之內部控制結構以評估其查核風險。

收入循環之特定查核目標

聲明類別	交易類別或餘額	特定查核目標
存在或發生	交易	帳列之現金收入交易，代表該期間內收到之現金。 帳列之銷貨交易，代表該期間內已運出之商品或已提供之服務。 帳列之銷貨交易調整，代表該期間內業已授權之折扣、退回、折讓。
	餘額	帳列之應收帳款餘額，代表資產負債表日確實存在之債權金額。
完整性	交易	所有本期發生之銷貨、現金收入及銷貨調整，皆已全部入帳。
	餘額	資產負債表日之應收帳款餘額，代表受查者對顧客所有的債務請求權。
權利與義務	交易	受查者對帳列因收入循環交易所產生之應收帳款與現金具有權利。
	餘額	資產負債表日之應收帳款餘額，代表受查者對顧客之法定請求權。
評價或分攤	交易	所有的銷貨、現金收入及銷貨調整，皆依照TIFRS進行評價，並正確地進行分錄、彙總及過帳的動作。
	餘額	應收帳款總帳與應收帳款明細帳金額相符。 備抵壞帳餘額乃是應收帳款毛額與其淨變現價值間差異之合理估計。
表達與揭露	交易	銷貨、現金收入及銷貨調整交易，業已依照 TIFRS 之規定，在財務報表上認列與分類，並適當揭露。
	餘額	應收帳款在資產負債表上已適當認列與分類。

11-2 收入循環之固有風險

固有風險係指在不考慮內部控制之情況下，某科目餘額或某類交易發生重大錯誤之風險。固有風險與企業之業務性質、經營環境及科目或交易之性質有關。

收入循環之固有風險包含內容，舉例如下：

1. 高估收入：高估收入的手段包含：
   (1) 虛列銷貨交易。
   (2) 將下期之銷貨交易提前記錄於本期。
   (3) 年底時，將未由客戶訂購之商品運送出去，視為當期之銷貨，下期再記錄銷貨退回以供沖轉。
2. 高估現金、應收帳款毛額，及低估備抵壞帳，藉以提高企業營運資金。
3. 企業收到的現金可能由交易處理人員盜用。

一般而言，收入循環之固有風險較高，原因如下：

1. 收入循環之交易量相當大。
2. 如前所述，收入循環較易產生高估收入、應收帳款毛額及低估備抵壞帳。此乃與科目性質有關。
3. 年度銷貨收入之認列時點相當重要。
4. 現金資產易被盜用。

固有風險舉例

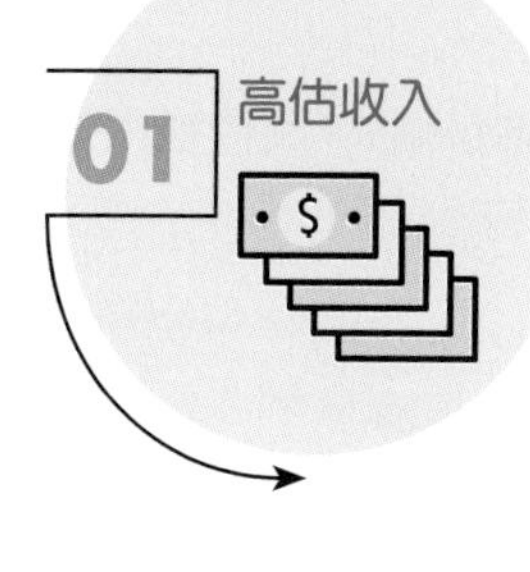

11-3 收入循環之內部控制考量

一、控制環境

控制環境的因素對於所有交易循環均有影響。透過控制環境增強的機制，可強化其他內控組成要素在控制風險上的有效性。

管理階層的嚴格操守及道德觀，是降低如「高估銷貨收入或應收帳款而產生財務報表不實表達」等風險最重要之控制環境因素。

此外，藉由強制管理現金之員工休假，及定期輪調職務，藉以偵測出可能之員工舞弊不法行為。

二、風險評估

風險評估係指受查者評估並辨認風險的過程，以作為管理階層管理風險之依據。例如：新的收入來源，或收入來源的快速成長，是引起受查者進行風險評估的焦點。

三、資訊和溝通

這裡所指的資訊和溝通，強調的是會計資訊系統的設計。在電腦化的會計作業之下，強調的是輸入、處理及輸出的功能。輸入通常發生在銷貨起始，經歷商品及服務運送、交易及收現被記錄於帳上之流程。查核人員必須瞭解這些原始檔、交易主檔等資訊。

有關收入循環之交易與餘額處理及報導方式之有關規定，應列入會計帳戶表、政策手冊、會計與財務報導手冊及系統流程圖中，以便相關人員取得與瞭解。

四、監督

查核人員必須評估管理階層，是否確實監督企業內部控制活動，及依據內控機制收到之資訊，採取適當之修正行動。這些資訊的來源，包括：

1. 客戶，例如：帳單發生錯誤。
2. 主管機關，例如：主管機關與公司之間對於內部控制事項意見不一致。
3. 外部查核人員，例如：過去查核人員於查核過程中，對於相關內部控制提出可報導事項或重大缺失之意見。

五、控制活動

控制活動係用以確保組織成員確實執行管理階層指令之政策及程序。控制活動的應用，分為賒銷交易、現金收入交易、銷貨調整交易三部分。

大神突破盲點

收入循環的固有風險很高，例如：現金常被員工偷竊或盜用，交易量大時，收入的認列時間也常常被公司竄改，因此查核人員對公司內部收入循環的內部控制應該加以評估，藉以決定查核的性質、時間、範圍。

收入循環之交易處理流程圖

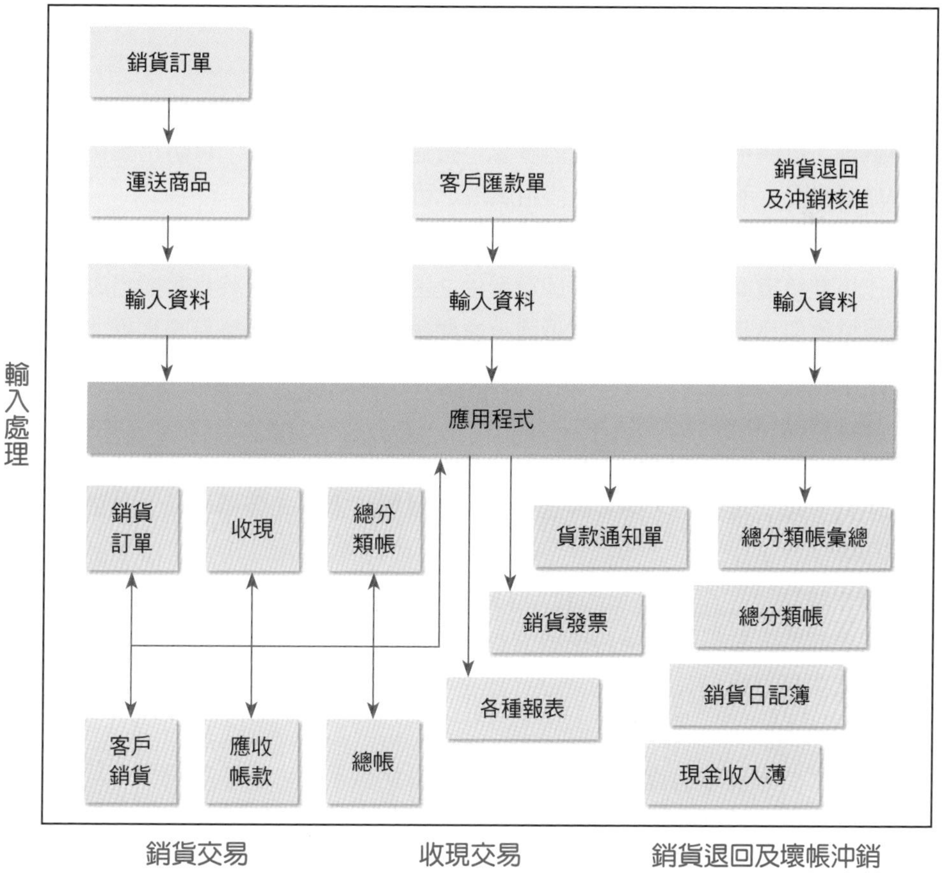

資料來源：William C. Boynton, Raymond N. Johnson, Walter G. Kell, "Modern Auciting", John Wiley & Sons, Inc., 2001.

11-4 賒銷交易之控制活動

賒銷交易流程圖

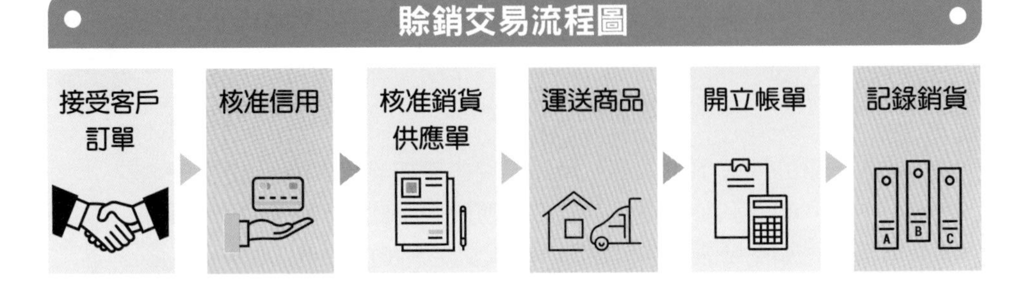

一、接受客戶訂單

一般而言，買方在接受客戶訂單之前，會經歷賣方報價及雙方議價等過程。在交易細節確定之後，買方會正式向賣方下訂單，而賣方必須將客戶訂單內容詳細記錄，並編製已核准銷貨單，以供銷貨部門人員評估銷貨交易的有效性。

二、核准信用

企業為了確保收到貨款，以降低營業風險，信用部門通常會事先進行客戶的信用調查，以決定客戶信用額度的多寡。透過職能分工方式，可防止銷貨部門為了增加銷售量，而迫使公司承受信用風險之可能性。

三、核准銷貨供應單

已核准銷貨單乃為提供銷貨確實發生之證據，作為授權給倉庫部門人員依照銷貨單供貨與發貨給送貨部門之憑證。倉庫部門人員依照已核准銷貨單上記載之銷貨內容供貨，並註明實際出貨之數量。

四、運送商品

送貨部門人員須驗證自倉庫收到的商品有已核准銷貨單，並確實依已核准銷貨單供貨。每次送貨時，須編製送貨單。送貨單必須事先連續編號，並依交易發生順序歸檔。

五、開立帳單

開單部門人員須獨立驗證已核准銷貨單與送貨單，並編製發票。使用已授權價目表或價格主檔編製發票。

六、記錄銷貨

會計部門人員依銷貨發票記入銷貨簿，並過帳至應收帳款明細分類帳。定期檢查應收帳款明細帳與總分類帳是否相符。

11-5 現金交易之控制活動

現金收入交易處理流程圖

賒銷
現金控制清單
支票
存款單
出納部門
會計部門
彙總表
現金
現銷
現金盤點表

現金收入之收現流程，主要控制重點在於收到現金、將現金存入銀行及記錄收款三部分，分述如下：

一、收到現金

當員工收到客戶寄達之支票與付款通知單時，必須先驗證該支票之有效性，註明「禁止背書轉讓」與「平行線」，並比較支票與付款通知單所列金額是否相符。待確定上述條件之後，再將客戶付款金額編入已預先編號之收款清單中，一式三聯，一聯收款清單與支票一併送交出納部門，另一聯送交內部稽核部門執存，第三聯則歸檔處理。

二、將現金存入銀行（電腦作業中無這個流程）

出納人員收到收款清單與支票後，須比較二者憑單所列金額是否相符，續後填寫存款事項，並將支票存入銀行，收款清單則與存摺一併歸檔處理。

三、記錄收款

將收現內容記錄於現金收入簿中，並開立憑單或傳票，交由會計部門人員執行過帳程式。

11-6 銷貨調整交易之控制活動

銷貨調整交易牽涉到下列銷貨調整職能：

1. 現金折扣之核准。
2. 銷貨退回與折讓之核准。
3. 壞帳的判定與核准。

銷貨調整交易對於企業的影響力不在於金額的大小，而在於此類交易之發生，可能起因於錯誤的發生或企圖舞弊的意圖，而導致財務報表有不實表達之可能。如：員工藉由高估現金折扣或銷貨退回與折讓的方式，挪用公司自客戶收取之現金。此類型之控制活動包括：

1. 所有的銷貨調整交易業已經適當授權。如：壞帳之沖銷須由財務長授權。
2. 使用適當的檔案和紀錄。如：使用已核准之沖銷授權通知單，以沖銷無法自客戶手中收回之應收帳款。
3. 適當的職能劃分。如：銷貨調整交易之授權職務應與現金收入之處理職務予以劃分。

以上三項有關銷貨調整之控制活動，其共同點在於均強調建立這些檔案的真實性，以及「存在或發生」之查核目標。

大神突破盲點

會計師在對各個項目聲明執行查核時，帳上的銷貨是否真的有發生，就要以總帳上的資料查回原始憑證，也就是我們稱為的逆查；而所有的銷貨都有完整的紀錄於財報中，查核人員會將原始憑證查回總帳上，也就是我們稱為的順查。

11-7 應收帳款之證實程序

一、應收帳款之初步證實性程序

執行應收帳款之初步證實性程序如下：

1. 獲得對企業和產業之瞭解，並判定：
   (1) 對企業而言，收入及應收帳款之重大性。
   (2) 影響企業銷貨、毛利及收現之關鍵經濟因素。
   (3) 產業之標準交易條件，包括季節性日期、收帳期間等因素。
   (4) 與客戶關係與互動之密集程度。
2. 執行應收帳款及相關備抵科目帳戶之初步程序如下：
   (1) 追查應收帳款與備抵壞帳期初餘額至上期工作底稿。
   (2) 覆核應收帳款總帳餘額及備抵壞帳總帳餘額，並調查是否有不尋常之交易或來源之分錄。
   (3) 取得應收帳款明細表或試算表，並藉由下列方式，以判定會計紀錄之正確性：
      A. 明細表金額加總，確定是否與下列金額相符：
         a. 明細帳之總金額或應收帳款主檔之總金額。
         b. 總帳餘額。
      B. 測試試算表上所列客戶及金額與明細帳中所列是否相符。

二、應收帳款之分析性程序

查核人員執行分析性程序的查核目標，在於建立對應收帳款餘額、應收帳款與銷貨之關係及企業對毛利的預期。

1. 執行分析性程序
   透過對企業歷史應收帳款有關比率、交易條件等，以對應收帳款之預期，建立深入瞭解。
2. 計算下列比率：
   (1) 應收帳款週轉率。
   (2) 銷貨淨額報酬率。
   (3) 壞帳費用對賒銷淨額比率。
   (4) 比較銷貨成長對應收帳款成長比率。
3. 將計算出的比率與以前年度比率、預期結果及同業資料，進行分析比較。

三、應收帳款之交易細項測試

1. 逆查應收帳款分錄至支援檔案

(1) 借方餘額

逆查至相關的銷貨發票、送貨單、銷貨單。

(2) 貸方餘額

逆查至匯款通知書、銷貨退回與折讓、銷貨調整、沖銷壞帳之核准書。

2. 執行銷貨交易和銷貨退回之截止測試

(1) 銷貨交易

從資產負債表日前後數日，選擇一些銷貨交易紀錄作為樣本，檢查是否有支持的銷貨發票、送貨單，以判定銷貨是否記錄在正確的會計期間。

(2) 銷貨退回

自資產負債表日後之貸項通知單中抽取交易，如附載明日期之驗收報告，以判定銷貨退回是否記錄在正確的銷貨期間，並考量資產負債表日後之銷貨退回數量及金額是否異常，以評估是否有未經授權之銷貨交易。

截止測試介紹

	截止測試
定　　義	於資產負債表日後執行。 選取資產負債表日前後數日交易，作為銷貨交易樣本，以決定該等交易是否記錄在正確的會計期間。
處理方式	前提：送貨單一般採取預先編號。 方式：檢查該年度所有交易紀錄的最後一筆銷貨之送貨單編號，並核對該編號之銷貨單是否確實存在於資產負債表日，及該編號之後的送貨單是否提前記錄為本年度銷貨收入。
目　　的	銷貨交易及銷貨退回之截止測試，均提供銷貨有關存在或發生與完整性之查核目標。

3. 執行現金收入之截止測試

(1) 觀察所有於資產負債表日前收到之現金是否均包含在庫存現金或在途

存款中，且該庫存現金或在途存款之內容，不含資產負債表日後收到之現金。

(2) 覆核當年度包含每日現金彙總表、已確認之存款條等檔案，並比較銀行調節表，以判定所有現金收入業經適當之截止。

四、應收帳款之科目餘額細項測試

1. 函證應收帳款

(1) 決定函證之格式、時機及範圍。

(2) 抽樣計畫之設計及執行，並調查重大例外事項。

(3) 若採取積極式詢證函，而客戶未予以回函時，應執行下列替代性查核程式：

A. 追查期後收款至函證日所顯示之金額及相關支援檔。

B. 追查帳戶餘額至相關支援檔。

C. 彙總函證結果並決定後續之查核程式。

函證之格式

函證格式	積極式	消極式
定義	要求受函證者無論詢證函內容是否正確，均須回函；若對方未回函時，應再次寄發詢證函。	要求受函證者，僅在事實與詢證函內容不一致時，方須回函。
內容特色	函證內容為開放式，即空白欄位，要求受函證者自行填寫，以提供較高程度的保證。	函證內容為封閉式，即受函證者只需核對與事實一致與否，填入「是或否」即可。
適用情況	1. 偵知風險很低。 2. 個別客戶餘額很大。	1. 偵知風險維持在中或高水準時。 2. 有許多小額的顧客餘額。 3. 查核人員沒有理由相信受函證者不會仔細考慮函證事項。
適用會計科目	資產科目為主。	負債科目為主。
函證時機	資產負債表日。 原因：偵知風險較低，內控不佳。	資產負債表日之前一至二個月。 原因：偵知風險較高，內控較佳。

2. **評估備抵壞帳之合理性**

評估方式舉例如下：

(1) 追查帳齡分析表中各帳款之帳齡，至相關支援檔。

(2) 直加及橫加應收帳款帳齡表之金額，並將相加總數與總帳核對。

五、應收帳款之表達與揭露

比較報表表達方式與國際會計準則之一致性：

1. 判定應收帳款是否業經適當歸屬於正確之會計期間。
2. 判定應收帳款之貸方金額是否重大到應單獨列出，重分類成為一項負債。
3. 決定應收帳款之質押、轉讓、出售及關係人交易，其揭露是否適當。

附錄　循環交易類型之舞弊

蔡文貴是太一節能系統股份有限公司之負責人（公開發行公司），於民國99年該公司營運不佳，為美化財務報表，蔡文貴與林麗珍（太一節能系統股份有限公司財務長）合謀再藉由伯昌資訊有限公司（非公開公司）負責人陳伯東進行循環交易，虛增太一公司營業額以求太一公司繼續營運。陳伯東為蔡文貴之妹夫，既為關係人，被蔡文貴拜託幫忙作為循環交易之橋梁。為達到循環交易之條件，蔡文貴於99年3月設立九積公司（非公開公司）並尋找好友洪元煌之姊姊洪子雲擔任負責人，後由蔡文貴提議陳伯東設立光節科技股份有限公司（非公開公司），最後以拓展大陸市場為由邀請臺灣扇港公司（負責人為曾金松）等多公司做為跳板，當作隱藏循環交易之方法。

交易模式

由臺灣扇港公司向太一公司下單購買燈具模組，太一公司即虛偽出貨予臺灣扇港公司，九積公司再向臺灣扇港公司投遞不實訂單，由臺灣扇港公司以高於前揭訂單成本1%至2%之價格，虛偽出貨予九積公司，九積公司再與伯昌公司簽立採購合約書，將上開虛偽購入之貨品，出賣予伯昌或光節公司，再由伯昌或光節公司以高於成本1%至2%之價格賣回給太一公司，然實際上太一公司並未將上開燈具模組出貨。

於99年11、12月間，太一公司為使帳面獲利能力達成上櫃目標，即以上開交易模式與臺灣扇港公司進行4筆虛偽交易。

交易模式流程圖

物流交易順序：A-B-C，C1-C2
付款順序：1-2-3-4

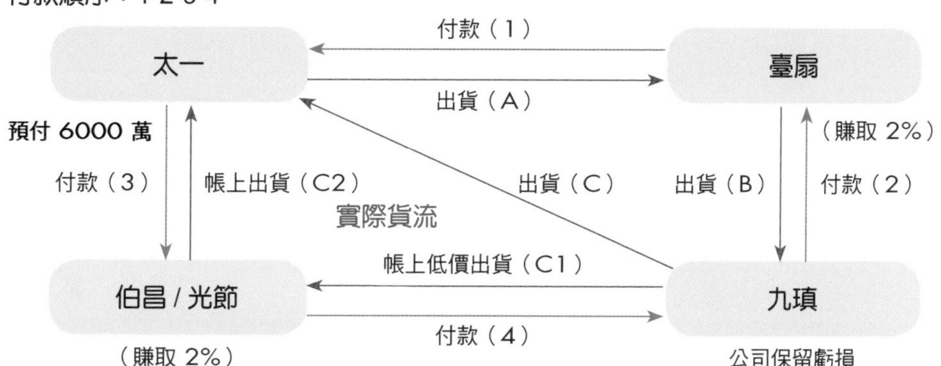

Chapter 12

查核費用循環

12-1 費用循環的查核目標

12-2 費用循環之流程

12-3 費用循環之內部控制考量

12-4 控制活動

12-5 應付帳款之證實程序

12-1 費用循環的查核目標

費用循環（Expenditure Cycle）亦稱為「支出循環」，該類循環涉及商品與勞務之取得，及有關付款之活動。典型的費用循環活動可分為：

1. 採購商品與勞務：採購交易。
2. 付款：現金支出交易。

採購及付款循環的流程圖

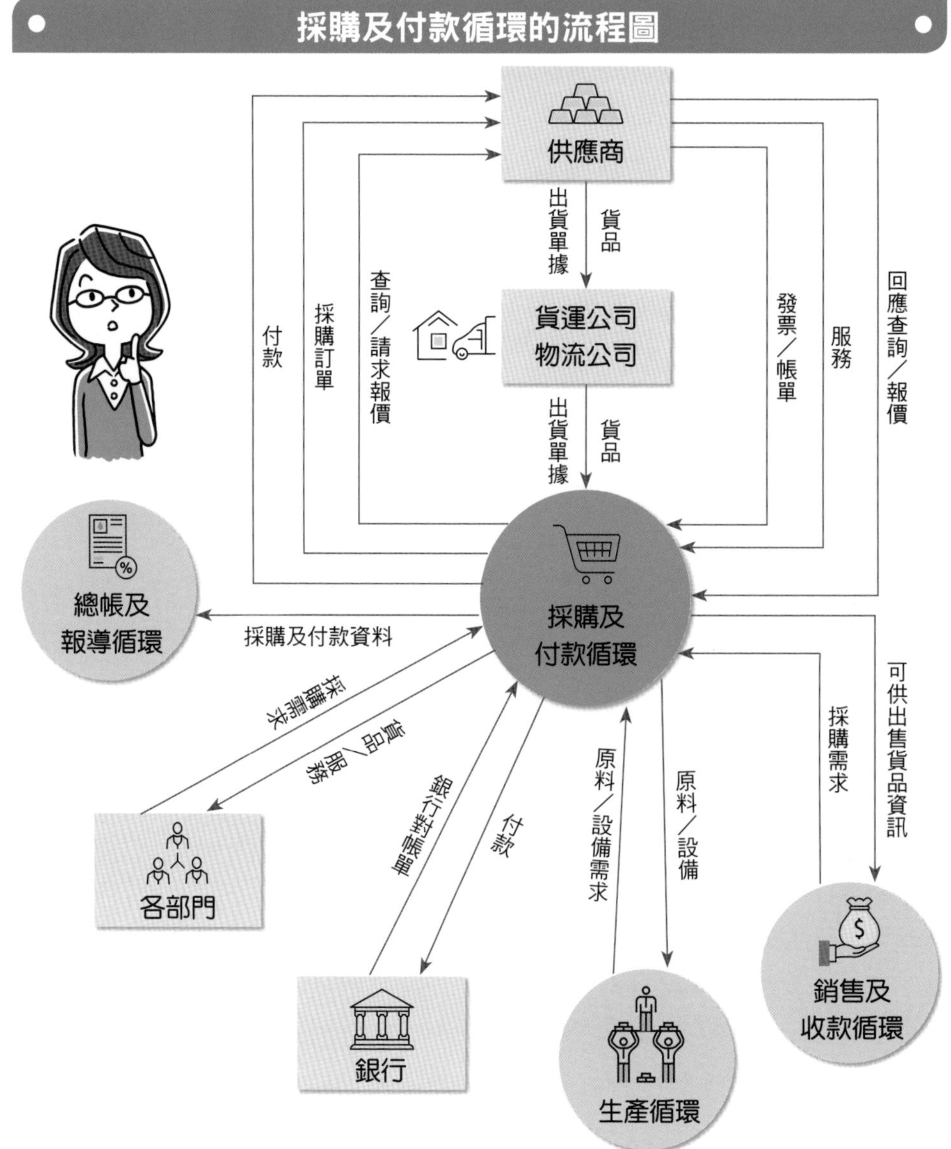

查核目標

聲明類別	交易類別或餘額	特定查核目標
存在或發生	交易	1. 已記錄之購買交易為特定期間內所收到之財貨、生產性資產及勞務。 2. 已記錄之現金支出交易為特定期間內支付給供應商及債權人之交易。
	餘額	1. 已記錄之財貨，代表於資產負債表當日擁有之金額。 2. 已記錄之廠房設備，代表於資產負債表當日正在使用之生產性資產。
完整性	交易	所有進貨及現金支出交易，皆已完整記錄。
	餘額	資產負債表日的應付帳款餘額，等於所有供應商對受查企業的應收帳款。
權利與義務	交易	1. 受查企業因採購交易而承擔之應付款項債務。 2. 受查企業因採購交易而取得廠房設備資產之所有權。
	餘額	1. 應付帳款餘額為受查企業在資產負債表日的債務義務。 2. 受查者在資產負債表日對於所有的廠房設備，擁有所有權。
評價或分攤	交易	採購與現金支出交易均已正確地記錄、彙總及過帳。
	餘額	1. 應付帳款呈現的金額正確。 2. 廠房設備以成本減累計折舊表達。 3. 與費用相關之科目餘額係符合國際會計準則之規定表達。
表達與揭露	交易	應付帳款及相關費用，在財務報表上業已正確地辨認與分類。
	餘額	關於佣金、或有負債、抵押品及關係人交易，業已充分揭露。

12-2 費用循環之流程

一、請購商品

存貨庫存之數量資料多寡，通常可透過人工或電腦查詢得知存貨紀錄。當存貨餘額達到再訂購點時，則需要補充商品存貨。倉庫部門或其他部門對於需要再訂購之存貨或其他物品，係根據一般授權與特殊授權發出請購單（或稱為需求單）。請購單可由人工或電腦編製，但請購單之核准應由對該支出負有預算責任之管理人員簽署後，成為支援管理階層採購交易存在或發生聲明之最初原始憑證。

企業通常會對正常的營運需求設定一般授權；另一方面，對於特殊之租賃合約或資本支出，則設定特殊授權。

由於任何部門均有發出請購單之權利，故請購單很少採用預先編號。

二、編製訂購單

採購部門係根據業已經適當授權之已核准請購單，發出訂購單。訂購單亦稱為採購單，必須預先編號（確保完整性），且經授權的採購人員簽名。之後採購部門人員將訂購單正本送交商品供應商，副本則分別送至公司內部的驗收部門、倉庫、應付憑單部門及發出請購單的部門。

訂購單亦為支援管理階層有關採購交易存在或發生聲明之交易憑證。獨立驗證訂購單的後續處理，以確定商品及勞務業已收到與入帳，則與採購交易之完整性聲明有關。

送交驗收部門之訂購單副本，關於訂購數量之資訊通常會被塗銷。至於塗銷的技巧，即使用複寫聯填寫訂購單，每一欄位均可被複寫，唯獨只有數量欄無法被複寫，以確保驗收部門人員會確實點數貨品數量。

三、驗收商品

驗收商品是確認負債的開始。有效的訂購單係代表授權驗收部門人員接受供應商送來的商品。驗收人員應比較所收貨品與訂購單上的貨品規格是否相符，並檢查貨品是否損壞。

待盤點後，驗收部門會開立一張預先編號的驗收單，一式三聯，一聯送交應付憑單部門，一聯連同貨品送到倉庫，一聯則連同訂購單歸檔。驗收單對於採購造成的相關負債之存在或發生聲明，是相當重要的支持文件。

對驗收部門而言，潛在威脅包括收到未訂購之貨品，造成存貨成本的增加。

因此，驗收人員要檢查每批貨品是否附有經採購部門核准的訂購單，並且要實地盤點存貨數量。

另一個潛在威脅是清點貨品時發生錯誤，所收貨品數量與訂購數量不符，造成缺貨成本或持有成本的增加。所以控制點在於驗收部門要將實地盤點後的數量填入訂購單以供核對，加上之後倉庫部門的再覆核、盤點，並且觀察驗收人員盤點狀況。

四、儲存商品

已驗收貨品入庫的同時，驗收人員應取得由倉庫部門簽名的簽收單，代表驗收部門與倉庫部門對存貨的權利與義務的互轉，並且確定貨已到達。

為了防止存貨失竊，造成存貨財產的損失，倉庫部門人員必須加強安全措施，包括貨品應置於上鎖的儲存區，並由專職的倉管人員負責看管，以及對存貨投保產物險。另外，對已驗收貨品的保管與涉及其他採購的其他職能予以劃分，可降低未經授權採購和侵佔盜用貨品之風險。

五、付款憑證

記錄採購之前，需先由應付憑單部門編製憑單。此項控制的原因在於：

1. 確定供應商發票的內容與相關的驗收單及訂購單相符。
2. 確定供應商的發票計算之正確性。
3. 編製預先編號之應付憑單，並將相關支持文件（包括：訂購單、驗收單及供應商發票）貼附其上。
4. 獨立覆核憑單內容計算之正確性。
5. 由經授權之管理人員於憑單上簽名，以對此應附憑單表示核准。

經適當核准且預先編號的應付憑單，提供記錄採購交易的基礎。應付憑單依照到期日歸檔，並與未付憑單分開保管。

● 費用循環流程 ●

部門	流程
任何部門	請購商品
採購部門	編製訂購單
驗收部門	驗收商品
倉儲部門	儲存商品
憑證部門	付款憑證
會計	記錄

六、記錄

應付帳款明細帳交易資料，經彙整之後，應立即過到總分類帳，保持紀錄之正確性。會計部門主管應獨立進行會計人員記錄的憑單總數與應付憑單部門送來的每日憑單彙總表之驗證，比較兩者之一致性。

財務會計部門通常最為頭痛的問題是，同仁們差旅費用的審核。我們都知道，出差前都必須先提報出差計畫，或事先向主管提出出差申請，再依據出差目的的必要性、出差時間長短、交通食宿的安排是否符合公司的政策與預算的編製來審核，所有企業主都非常清楚，出差費用的控管不當，不但會造成毛利分析的偏差，同時會造成企業淨利的下降，對公開發行上市公司，嚴重影響經營績效。

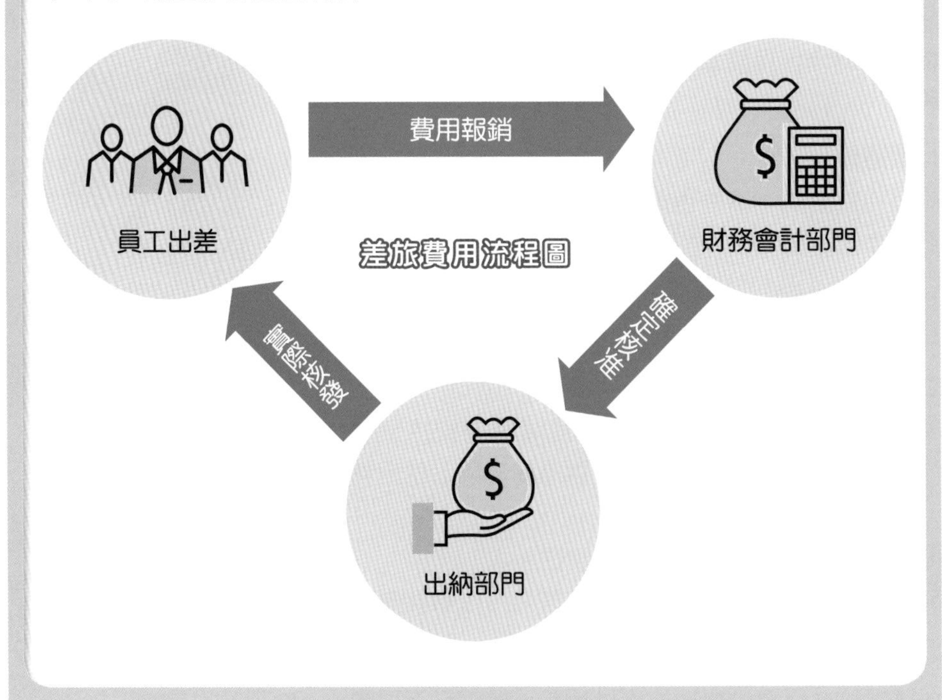

12-3 費用循環之內部控制考量

一、控制環境

由於在處理採購與現金支出交易時，容易產生員工舞弊與管理階層對支出循環帳戶餘額作出財務報表不實表達之事件，此時，控制環境中有關管理階層的正直性與道德性，就顯得格外重要。瞭解管理階層對於資源使用的責任，有助於查核人員對於控制環境之瞭解。當管理階層對於資源使用的態度負責時，可助於決定：

1. 管理階層評估企業績效之報告。
2. 管理階層覆核報告的頻率與仔細程度。

二、風險評估

管理階層對於費用循環交易之風險評量內容，包含：

1. 因採購合約訂定而產生之偶發損失。
2. 企業因採購交易之執行，產生對現金流量需求之應變能力。
3. 保持注意員工舞弊發生之警覺性。
4. 因企業生產成本增加或獲利利潤減少，對企業營運狀況之影響。

三、資訊與溝通

查核人員應瞭解交易流程在會計系統的運作過程，自交易的發生開始，記入總帳，到最終產生財務報表的程序。

查核人員應明瞭的關鍵流程，包含：

1. 採購交易與採購退貨之發生原因。
2. 採購交易對於收到貨品／勞務或退出貨品／勞務之會計處理。
3. 採購交易在各個作業流程過程中，所需應用的支持文件與電腦處理為何。

四、監督

查核人員為了評估內部控制風險是否有效，並提升內部控制之有效性，因此設計一些監督活動，定期並持續進行督導工作，包括：

1. 持續追蹤供應商的付款問題。
2. 參考公司內部稽核人員對於內部費用循環交易之控制程序的評估結果。
3. 考量有關內部控制之可報導情況與重大缺失。

五、控制活動

控制活動係用以確保組織成員確實執行管理階層指令之政策及程序。關於控制活動之應用，分為採購交易、現金支出交易兩類。本書將於下一節分別介紹之。

12-4 控制活動

控制活動分為採購交易及現金支出交易。

控制活動相關文件

01 採購交易

1. 請購單
2. 訂購單
3. 驗收單
4. 供應商發票
5. 憑單
6. 例外報告
7. 憑單登記簿

02 現金支出交易

1. 支票
2. 支票彙總表

一、採購交易

1. 確定採購需求

採購循環的始點即為確認採購動作的執行，當存貨管理人員發現庫存數量已達到再訂購點的標準時，倉庫部門人員即須發出預先編號的請購單，經主管人員核准之後，將請購單送交採購部門，並通知相關部門此項請購需求活動。

2. 編製訂單

當採購部門人員收到請購單時，須先判斷是否為例行性購貨。若為例行性購貨，則在確定商品單價、規格及信用條件之後，即可選擇合適的供應商，進行採購交易；若為非例行性購貨，則須先經過數家供應商詢價、比價等程序之後，再進行採購交易。

採購部門編製的訂購單，須經部門主管的核准之後，將正本提供給供應商，並將副本送交驗收部門、倉庫部門、應付憑單部門及發出請購單的部門。

3. 執行驗收

當貨品運送至驗收部門時，驗收部門人員會根據供應商的送貨單、交貨通知單、裝箱單等文件，連同訂單，清點貨品，並檢查貨品是否有損壞或瑕疵的不良品。嗣後驗收人員將驗收結果，填寫在預先編號的驗收單，並通知相關部門。

4. 收到購貨發票

供應商在出貨之後，會將購貨發票寄給公司，經由採購部門核對無誤之後，即送至應付憑單部門進行記帳動作。

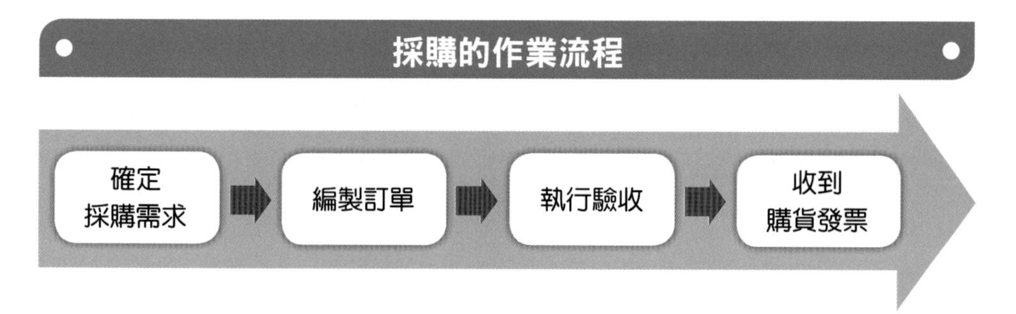

二、現金支出交易

現金支出交易係指支付現金以償還負債與記錄現金支出。為了落實職能分工，程序的進行應依其性質切割，分別由不同部門人員執行，以達到後手監督前手的效果。

1. 支付現金以償還負債

在人工作業系統下，未付憑單之付款作業應由應付憑單部門負責確認。憑單應交由財務部門或應付憑單部門編製支票後，送交財務部門簽名。為了確保管錢、管帳作業分開，支票的簽名必須由財務部門執行，不可交由應付憑單部門或是會計部門進行。

2. 記錄現金支出

會計部門人員登錄已由財務部門簽發之支票至現金支出簿。會計人員不應參與支票或憑單之編製及相關交易行為。

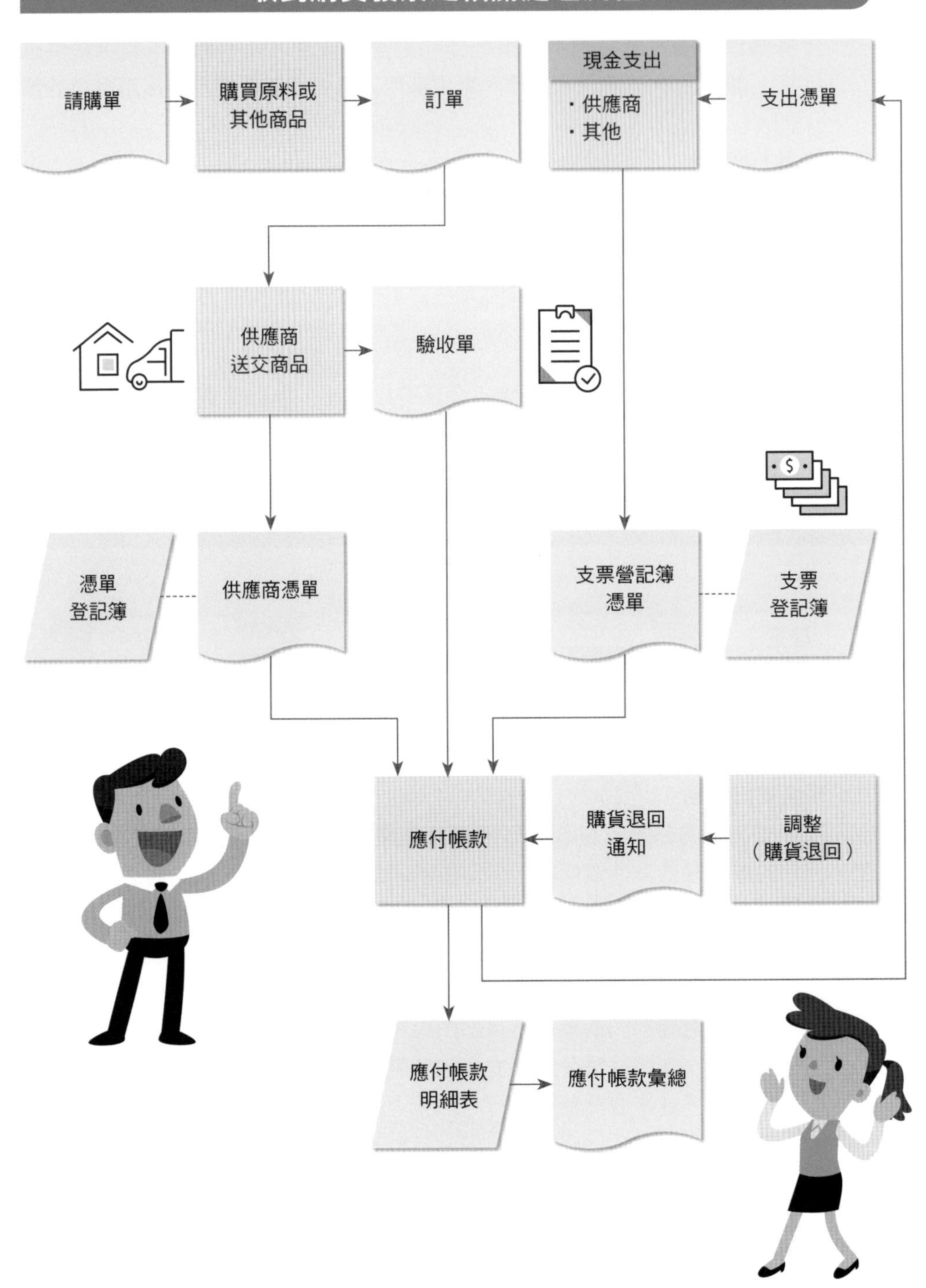
收到購貨發票之相關處理流程
請購單
購買原料或
其他商品
訂單
現金支出
・供應商
・其他
支出憑單
供應商
送交商品
驗收單
憑單
登記簿
供應商憑單
支票營記簿
憑單
支票
登記簿
應付帳款
購貨退回
通知
調整
（購貨退回）
應付帳款
明細表
應付帳款彙總

12-5 應付帳款之證實程序

一、應付帳款初步程序之證實測試

執行應付帳款初步程序之證實測試如下：

1. **獲得對企業及產業之瞭解：**每個查核測試的始點均為獲得對企業及產業之瞭解，因藉由瞭解企業及產業活動和環境，可據以提供風險評估之重要依據。細節分述如下：
   (1) 企業採購及應付帳款的重要性。
   (2) 影響企業採購及應付帳款的關鍵經濟因素。
   (3) 產業的標準交易條件，包括季節性期間等因素。
   (4) 與供應商的互動關係及相關採購承諾的執行力。

瞭解企業及產業活動和環境做為風險評估之依據

2. 執行應付帳款餘額及記錄之初步程序包含：
   (1) 追查前期工作底稿之應付帳款期末餘額。
   (2) 覆核應付帳款分類帳，並調查不尋常的金額或來源。

取得在資產負債表日應付帳款餘額之明細表，並藉由下列方式以驗證會計紀錄的正確性：

1. 對明細表金額進行加總，並辨別與下列金額是否相符：
   (1) 未付憑單檔、明細帳或應付帳款主檔之合計數。
   (2) 分類帳餘額。
2. 測試明細表上所列供應商及餘額與相關會計紀錄是否相符。

二、應付帳款分析性之證實程序

執行分析性程序：

1. 依照企業生產活動，正常交易條件，及應付帳款週轉率的歷史資訊，建立應付帳款週轉預期比率。
2. 計算下列比率：
   (1) 應付帳款週轉率。
   (2) 應付帳款對流動負債總額所佔比率。
3. 根據前期實際資料、產業資料、當期預算數及其他相關資料，所建立出的預期值，對前述比率進行分析與比較。
4. 將費用餘額與前期費用或預算數相比較，以發現因漏列而低估之應付帳款。

三、應付帳款交易細節之證實測試

1. 驗證已記錄之應付帳款交易至相關佐證文件

(1) 貸記應付帳款者，逆查至供應商發票、驗收單、訂購單，或其他相關佐證文件。
(2) 借記應付帳款者，逆查至現金支出紀錄或銷貨退回紀錄。

2. 執行採購之截止測試

(1) 對年底或期末前後數日的採購交易，抽查一些樣本，驗證其憑單、發票及驗收報告，以判斷該交易是否確實歸屬至適當的會計期間。
(2) 觀察截止日當天所發出的最後一張驗收報告上的編號，並查核編號前後數筆交易是否歸屬至適當的會計期間。

3. 執行現金支出之截止測試

(1) 觀察截止日當天簽發並寄出之最後一張支票號碼，並追查其會計紀錄，以判定其是否歸屬至適當的會計期間。
(2) 比較並追查年底已付支票上之日期，並與銀行截止對帳單上所列之日期相核對。

4. 尋找未入帳負債

(1) 檢查資產負債表日至外勤工作結束日之間的期後付款，若相關文件顯示所支付的款項係存在於資產負債表日前便已存在之負債，則須追查至應付帳款明細表。

(2) 檢查在年底已入帳，但截至外勤工作結束日止，尚未清償之負債。

(3) 調查期末未相符合的訂購單、驗收報告及發票。

(4) 詢問會計人員及採購人員有關未入帳應付帳款事宜。

(5) 覆核未入帳應付帳款之有關證據，如資本預算、建造合約及工作單等。

四、應付帳款科目餘額細節之證實測試

函證應付帳款：

1. 藉由覆核憑單紀錄、應付帳款明細帳或主檔，找出主要供應商資料，並對主要供應商、重大餘額、不尋常交易、小額或零餘額（可能低估）、借餘等進行函證。
2. 調查並調節差異。

函證應收／付帳款之替代查核程序

函證科目	替代查核程序	相關聲明
應收帳款	驗證期後收款、出貨單或其他文件	提供存在聲明之證據
	執行銷貨截止測試	提供完整性聲明之證據
應付帳款	驗證期後付款或取得第三者往來信函	提供存在聲明之證據
	查核其他文件紀錄（如驗收單）	提供完整性聲明之證據

五、應付帳款表達與揭露

將報表表達與國際會計準則所規定之表達方式相比較：

1. 判斷應付帳款是否業已依其種類及預期償還期間，加以適當的認列及分類。
2. 判斷是否有須重分類的重大借餘。
3. 判斷關係人之間的應付款項是否業經適當揭露。
4. 詢問管理階層關於或有負債及未揭露事項之情形。

查核生產與人事薪資循環

13-1 規劃生產循環的查核

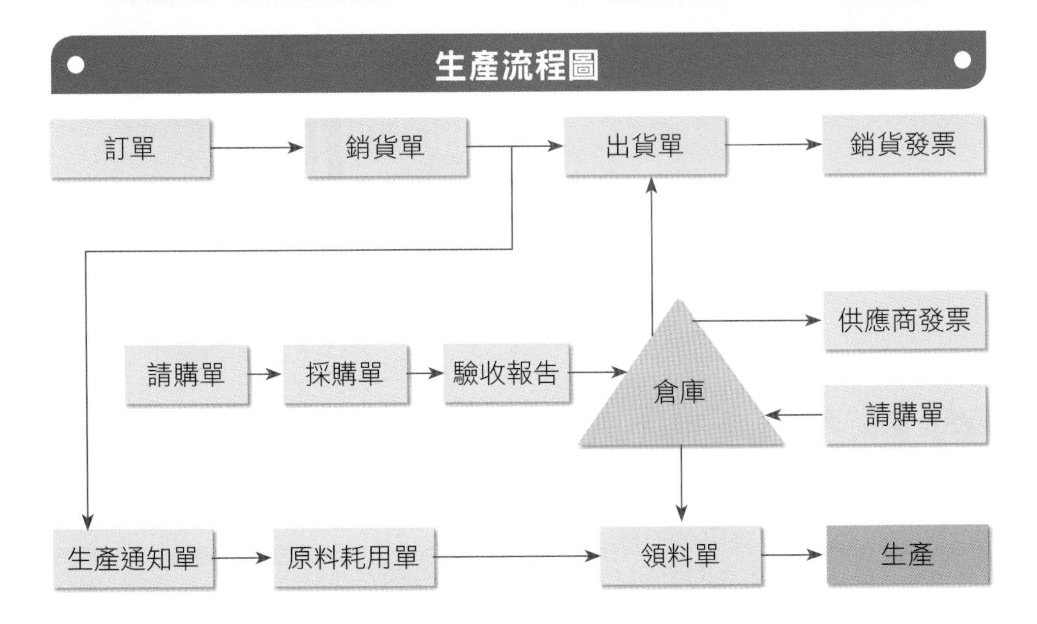

生產循環與原料轉換成製成品的過程有關，由請領原料開始，結束於將製造完成的產品轉到製成品，生產循環中的交易稱為製造交易。生產循環與下列三個循環息息相關：1. 購買原料及發生其他製造成本的支出循環；2. 發生人工成本的人事薪資循環；3. 出售製成品的收入循環。應特別注意的是，貸記原料、直接人工及製造費用，借記在製品存貨，以及後續將完工產品成本由再製品移轉至製成品的分錄，皆因為生產循環中的製造交易而產生，最後，將製成品移轉至銷貨成本的分錄，通常被認為屬於收入循環交易，但其是根據生產循環中累積的成本資料。

存貨的查核目標

聲明	交易類別查核目標	帳戶餘額查核目標
存在或發生	已記錄的製造交易顯示轉入生產的原料、人工及製造費用，並顯示當期完工的產品轉入製成品。	資產負債表上列示的存貨確實存在。 銷貨成本顯示當期銷售產品的存貨成本。
完整性	所有當期發生的製造交易皆已記錄。	存貨包含所有原料、在製品、製成品，以及資產負債表日所持有的其他用品。 銷貨成本包含當期所有銷貨交易造成的影響。
權利與義務	受查者因所有已記錄的製造交易而對存貨擁有所有權。	受查者對帳上列示的存貨擁有法律上的所有權。
評價或分攤	製造交易經過正確地記錄、彙總及過帳。	存貨依適當的會計方法評價。 銷貨成本依國際會計準則的成本流程或其他方法計算。
表達與揭露	製造交易皆已在財務報表上適當地辨認、分類及揭露。	存貨及銷貨成本在財務報表上適當地分類及揭露。 對存貨及銷貨成本的評價基礎與方法，以及存貨的質押或讓售皆已適當的揭露。

分析性程序的釋例

比率	可辨識的問題
存貨週轉天數	天數的增加可顯示存貨的存在或評價可能有問題。
存貨成長率對銷貨成長率	此比率若大於 1，顯示存貨成長得比銷貨快，可能有滯銷的問題。

13-2 生產循環的內部控制

一、開始生產

1. 規劃與控制生產

生產規劃和控制部門發生的生產授權是依據收到的顧客訂單或對銷貨預測及存貨需求的分析產生生產的授權，藉由發出預先編列的製造命令將授權文件化，並應核對所有發出的製造命令與製造成本是否相符。同時應另編製一份材料需求報告，列示所需要的材料和零件及其庫存量，當送交訂單給供應商時，這份報告應複印一份予採購部門。

生產規劃和控制部門也負責監督材料和人工的耗用，並追蹤製造命令的進度，直到製造完成並轉入製成品。此外，覆核每日的生產活動報告和已完成生產報告對達成其職責亦為不可或缺的程序。

2. 發出原料

倉儲部門依據所收到的由生產部門核准的領料單發出原料。領料單必須列示所需材料的數量、種類以及編號，每張單據須由監督人員或經授權的生產人員簽名。重要的控制活動為核對領料單與製造命令和最後記錄到製造成本的數額是否相符，同時應編製每日耗用材料彙總表（為每日生產活動報告的一部分）。

二、移轉產品

1. 處理生產中的產品

因特定製造命令所發生的人工是記錄於計工單上，可透過生產人員於開始或結束工作時，進行打卡並輸入製造命令的號碼。同時依據計時資料編製每日耗用人工彙總表（為每日生產活動報告的一部分）。當製造命令的工作已經完成且產品已通過檢驗時，產品會依移轉單而授權移轉至下一個部門，且該移轉單須由接收部門簽名。重要的控制活動為核對計工單及移轉單，與最後記錄至製造成本的數額是否一致。

2. 移轉生產完成的產品到製成品

當製造命令上的工作已經完成，且產品已通過最後檢驗時，則必須編製一份完工生產報告。而這些製成品會被送往倉庫，經由簽發最後的移轉單而確立產品的會計責任。

3. **保護存貨**

存貨很容易被竊取或受損壞，因此必須將存貨存放在上鎖的倉庫，並限制僅有經過授權的人員才能進入倉庫，這是很重要的控制活動。

三、記錄製造成本及認列存貨

1. **辨認並記錄製造成本**

此項職能包括：

(1) 將直接材料和直接人工計入在製品。

(2) 分配製造費用至在製品。

(3) 移轉生產部門間的成本。

(4) 移轉已完成生產的產品至製成品。

為確保製造成本被適當地記錄，會計科目應足夠並有適當的分類，以利追蹤成本。其他相關的控制活動包括：

(1) 製造成本可按實際成本或標準成本分配至在製品，使用標準成本時，須經過管理階層核准，且應有實際數與預計數間差異的即時報告，以利管理階層定期績效覆核的調查。

(2) 檢查分配製造成本至在製品的分錄，與每日生產活動報告中的耗用材料和人工的資料是否相符。

(3) 檢查移轉在製品至製成品的分錄，與完工生產報告中的資料是否相符。

2. **維持存貨餘額的正確性**

包括三項控制活動：

(1) 必須定期盤點實際存貨，並與帳列計算的存貨做一比較，以發現是否有存貨不完整的紀錄、紀錄中被錯誤分類的存貨項目等情形。通常一年中會配合查核工作進行一次大盤點，然而年度中會有小盤點，抽點以確保存貨的記錄是否正確。

(2) 必須定期獨立驗證原料、在製品及製成品存貨主檔中的帳列數額，與個別總帳統制帳戶是否相符。

(3) 透過定期檢查存貨情況，以及由管理階層覆核存貨相關報告，在必要時進行調整分錄，以降低存貨的帳面價值至市場價值。

在上述這些職能之上，還有一層管理階層控制，透過監督這些職能的執行以及授權的方式以達到控制的目標。管理階層應完全掌握所有的生產程序以及生產資源，加以適當地控制，錯誤及舞弊發生的機會將會降低許多。

13-3 存貨的證實程序

一、觀察受查者的存貨盤點

1. 觀察受查者的盤點人員是否依照存貨盤點計畫執行盤點工作。
2. 注意所有貨品是否均附有盤點卡，且沒有重複黏貼標籤。
3. 確定存貨盤點卡已預先連續編號，且存貨總表已做適當控制。
4. 抽點存貨並追查存貨數量至彙總表。
5. 注意堆在一起的產品中是否有空箱或空盒。
6. 注意損壞和過時的存貨項目。
7. 評估存貨的狀況。
8. 辨認最後一張驗收和運貨的文件，並確定盤點時所收到的貨品已做適當的區分。
9. 詢問是否有滯銷的存貨項目。

二、測試存貨清冊的正確性

1. 重新計算存貨清冊的總和。
2. 驗證其數量和單價相乘結果的正確性。
3. 追蹤查核人員抽盤結果至存貨清冊。
4. 由清冊上的項目逆查至實地盤點時使用的存貨盤點卡或盤點表。

三、測試存貨的評價

此項證實測試主要是為存貨餘額的「評價或分攤」聲明提供證據，主要方式為檢查存貨成本與市價的證明文件，還要檢查採用的成本計價程序是否與過去一致。

四、函證存放倉庫的存貨

當受查者將存貨存放於公共倉庫或交由公司外部人士保管時，查核人員應與保管人員聯繫或直接發詢證函，以取得存貨存在的證據，但其並不能為存貨價值提供證據，因為保管人員並未被要求對存貨的狀況提出報告。若此部分的金額很大時，查核人員對此倉儲業者進行調查，若合理可行，查核人員更應實地至倉庫進行盤點的觀察或抽盤。

五、檢查寄銷協議合約

受查者的庫存貨品中可能有部分代顧客保管的貨品或寄銷品，因此查核人員應注意受查者盤點存貨時，是否確實將此部分貨品與公司所有的存貨區隔開來。此外，查核人員通常會要求受查者就存貨的所有權，出具一份書面聲明書。

若受查者的庫存貨品中存在寄銷品，查核人員應查驗承銷合約的條款與條件。若受查者有貨品寄銷在外，查核人員應覆核相關文件，以確定承銷商持有的貨品已列入受查者資產負債表日的存貨中。

此項測試為「權利與義務」這個聲明提供證據。對寄承銷貨品而言，此項測試則為「表達與揭露」聲明提供證據。

六、表達與揭露

通常存貨相關科目會列示在資產負債表上，而銷貨成本則列示於損益表上，至於存貨計價方法、抵押的存貨以及重大的進貨承諾，以附註揭露的方式呈現。

除了進行上述的證實測試之外，查核人員還應覆核董事會的會議紀錄，以及詢問管理階層相關問題等，以確定存貨相關表達與揭露為適當。

13-4 人事薪資循環

一、規劃人事薪資循環的查核

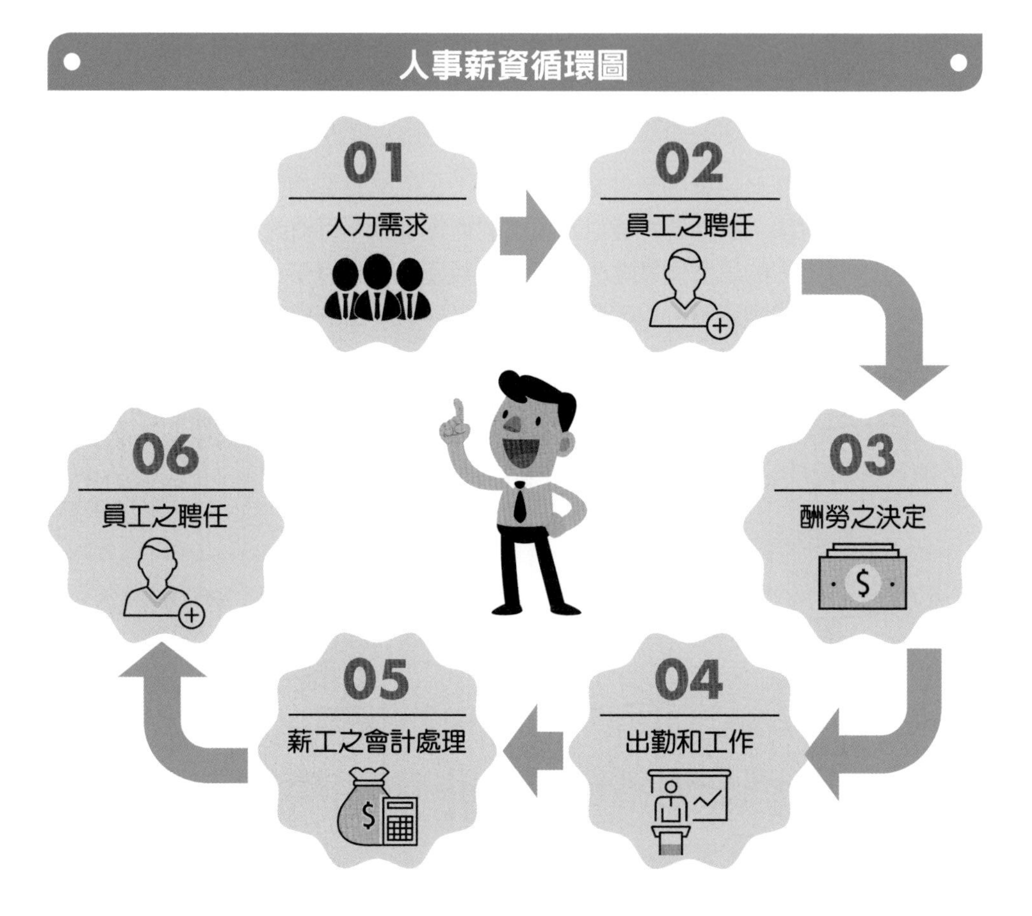

人事薪資循環涉及有關受查者員工酬勞的事項和活動，要交易類型為薪工交易，酬勞的型態包括薪資、計時與計件工資、佣金、紅利、職工福利等。此循環與其他兩個循環有關：一為現金收支循環，因為薪資及薪資稅的繳納涉及現金支出；二為生產循環，因為製造過程中必須分配人工成本至在製品，而此處的人工成本即為工廠員工的薪資。

薪資的查核目標

聲明	交易的查核目標	帳戶餘額的查核目標
存在或發生	帳列薪資交易為所提供勞務人員的酬勞。	應計薪資和應付薪資稅餘額為資產負債表日所積欠的金額。
完整性	帳列薪資和薪資稅費用包含所有當期發生的交易。	應計薪資和應付薪資稅餘額包含受查者於資產負債表日所欠的所有金額（對象包括個人和政府機關）。
權利與義務		應計薪資和應付薪資稅為受查者在資產負債表日的法定義務。
評價或分攤	薪資稅費用是利用適當稅率計算而得。	應計薪資和應付薪資稅以做正確的計算與記錄。 直接人工的分配以做正確的計算與記錄。
表達與揭露	薪資和薪資稅費用已於損益表上做適當的辨認和分類。	應計薪資和應付薪資稅帳戶已於資產負債表上做適當的辨認和分類。 財務報表中退休金及其他福利計畫已適當揭露。

二、人事薪資循環的內部控制

開始薪資交易：

1. **僱用員工**

   員工的僱用由人事部門負責，所有的僱用都必須經過核准。要特別注意人事有異動的時候，特別是有新進員工與離職員工的情形，在輸入新資料與更改舊資料時，都應有密碼的控制，以防竄改員工薪資的資料。而人事部門經理也應定期檢查人事異動的情形，控制人事資料主檔的異動，以降低舞弊的發生。

2. **授權薪資異動**

   所有薪資相關資料的更動，如：職位的更動、工資率的增加等，在輸入電腦前，都應該經過人事部門書面授權核准，才能進行。人事部門在有離職員工時，應該發出離職通知，且告知薪資部門，防止已離職員工繼續支領薪資。

3. **勞務提供中**

   勞務提供的同時，也就是員工上班的同時，應記錄員工上班出勤的情形，較傳統的是透過打卡的方式，記錄員工上下班的時間，唯一要注意的是避免員工代替別的員工打卡的情形，可能要透過警衛人員的監督來達成。現在可能利用電腦來達成打卡的目的，每一天員工下班之後，電腦中累積的計時資料會自動去更新員工主檔，而非產生書面的計時卡且要透過人工輸入資料，較能簡化帳務處理。

4. **記錄薪資交易**

薪資部門在收到上述的計時卡與計工單之後，先將原始資料輸入電腦，現在可能透過打卡與電腦連線，打卡時直接累積計時資料至電腦主檔。再來計算每員工的薪資支付總額、稅的扣除額及薪資支付淨額，並累積總數於執行程式終了時，產生薪資日記簿分錄，並自動更新分類帳主檔。

5. **支付薪資**

一定期間（可能為每日或每月）後，必須發放薪資，發放之前，必須將薪資登記簿與薪資支票送至財務長處做最後的確認。相關的控制活動如下：

(1) 薪資支票應經過授權核准。

(2) 薪資支票應由未參與編製或記錄薪資紀錄的人員發放。

(3) 支票簽名機與簽字版要存放在安全的地方。

(4) 未領薪資支票應經適當的保管。

大多數的公司會特別設置一個薪資專戶，以這個專戶發出薪資支票，達到控制的目的。

三、薪資的證實測試

考量固有風險及控制風險，並判定可接受偵查風險水準之後，就要設計證實測試，主要包含下列程序：

1. **重新計算應計負債**

受查者會於資產負債表日估計應付薪資、紅利、休假給付、應付薪資稅等科目，查核人員應利用相同資料重新計算這些科目，以防止受查者有低估負債的情形，同時也應注意各期間薪資計算方法的一致性。此項測試為「評價或分攤」聲明提供證據。

2. **查核員工福利計畫**

對受查者員工福利計畫（包括退休金計畫及薪資酬勞計畫等）進行查核，確認其計算與揭露符合政府及國際會計準則的規定。

查核投資與融資循環

14-1 規劃投資循環的查核

不動產、廠房及設備採購流程

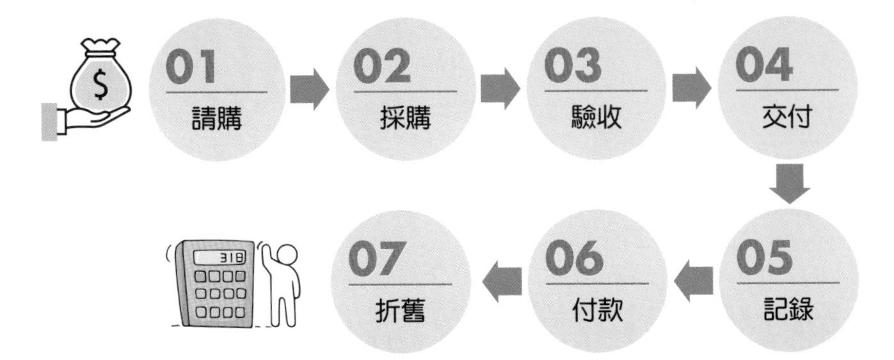

不動產、廠房及設備循環的查核目標

聲　明	交易的查核目標	帳戶餘額的查核目標
存在或發生	記錄當年度的投資性不動產取得、處分及維修交易。	帳列投資性不動產代表在資產負債表日尚在使用的資產。
完整性	所有當期發生的投資性不動產取得、處分及維修交易，均已記錄。	投資性不動產帳戶餘額，包括本年度所有交易的影響。
權利與義務		受查者對資產負債表日的帳列資產具有所有權。
評價或分攤	投資性不動產的折舊費用及價值減損交易，均已當評價。	投資性不動產以成本減累積折舊表達於財務報表上，且已沖減重大的價值減損。
表達與揭露	折舊、維修交易及營業租賃，均已在財務報表上適當地辨認及表達。	投資性不動產及資本租賃已在財務報表上適當地辨認及表達。 投資性不動產的成本、折舊方法及耐用年限、設定擔保及資本租賃合約主要條款已被適當揭露。

在進行投資循環的查核之前必須先考量幾個問題：

1. **重大性**

   在評估重大性分攤時，主要考量因素為：

   (1) 影響財務報表使用者決策錯誤的不實表達程度。

   (2) 查核的成本。

   由於查核不動產廠房及設備所花費的成本比應收帳款及存貨查核的成本低許多，因此查核人員通常會相對地分攤較小的重大性給不動產廠房及設備。

2. **固有風險**

   由於不動產廠房及設備較不易遭竊，所以固有風險通常很低，但是仍可能存在損壞資產未被沖銷、自建資產或資本租賃會計處理複雜，以及耐用年限、估計殘值、折舊方法的判定與選用非常複雜，而使得固有風險可能提高至中度或高度的水準。

3. **控制風險**

   由於取得不動產廠房及設備的金額通常較大，因此必須經過特殊的控制，如資本預算及董事會的授權，再加上有關折舊費用的相關會計估計，一旦在電腦中設定完成，折舊費用的計算便不會出現太大的問題，因此不動產廠房及設備的控制風險相對是較小的。

4. **分析性程序**

   由於不動產廠房及設備相當穩定，因此透過觀察某些比率與數值的變化，可能可以發現某些潛在的問題。

分析性程序的釋例

比　　率	查核意義
投資性不動產週轉率	未預期投資性不動產週轉率的上升，可能暗示漏記不動產廠房及設備或未將折舊性資產資本化。
總資產週轉率	未預期總資產週轉率的上升，可能暗示漏記資產或未將折舊性資產資本化。
總資產報酬率	未預期總資產週轉率的上升，可能暗示漏記資產或未將折舊性資產資本化。
折舊費用佔投資性不動產百分比	此百分比未預期地上升，可能暗示折舊費用計算錯誤。
維修費用佔淨銷貨百分比	此百分比未預期地上升，可能暗示應資本化的資產被費用化。

14-2 「不動產、廠房及設備」的證實程序

一、初步證實測試

首先要取得對受查者及其產業的瞭解，瞭解資產如何支應企業營運活動與盈餘如何產生，以及企業所處產業的特性，例如：對資本密集的產業而言，不動產廠房及設備可能不是那麼重要，但就製造業及營建業來說，不動產廠房及設備佔總資產的比例就很大。而在執行證實測試之前，查核人員應：

1. 判定不動產廠房及設備帳戶的期初餘額是否與前期工作底稿上的數字相符，目的在確保前次查核結論中，所要做的調整分錄已經入帳。
2. 測試不動產廠房及設備取得與處分明細表的數字在計算上為正確，並與當期相關不動產廠房及設備分類帳的變動相互調節。
3. 藉由逆查不動產廠房及設備取得與處分明細表中的項目，至分類帳上的分錄，以及順查分類帳至明細表的方式，測試明細表的完整性。

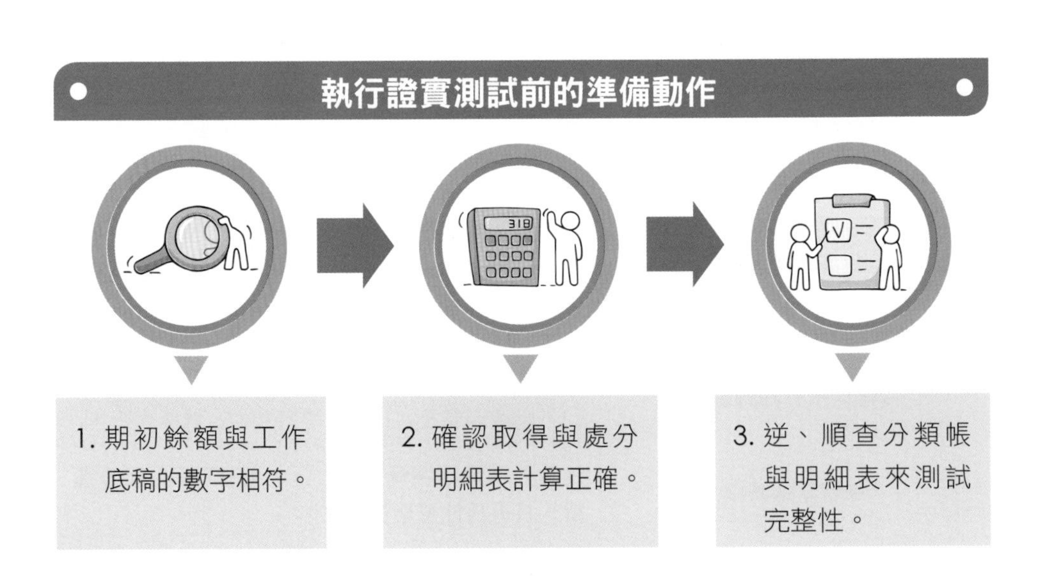

二、交易細項測試

1. 逆查不動產廠房及設備的取得

所有重要的不動產廠房及設備取得，均應佐以董事會議事錄中的授權文件、憑單、契約、發票及已付款支票等文件，查核人員應從帳列金額逆查至這些證明文件。當不動產廠房及設備是採用資本租賃的方式取得時，此項資產的成本及相關負債，應按照未來最低租金給付現值入帳，查核人員應重新計算此現值，以驗證其正確性。

逆查不動產廠房及設備的取得為「存在或發生」、「權利與義務」及「評價或分攤」三個聲明提供證據。

2. 追查不動產廠房及設備的處分

查核人員應取得不動產廠房及設備出售、報廢及交換的證明文件，包括現金匯款通知單、書面授權文件及出售契約，並仔細檢查這些文件，以確定會計紀錄（不動產廠房及設備報廢的分錄、出售損益認列的分錄等）的正確性與適當性。下列程序將有助於查核人員確定報廢資產是否已經入帳：

(1) 分析雜項收入帳戶中的不動產廠房及設備的出售所得。

(2) 調查與停止生產之生產線的相關設備處分情形。

(3) 順查報廢資產的報廢工作單及授權文件，至其會計紀錄。

(4) 覆核不動產廠房及設備的投保政策中，對終止契約或減少投保範圍的規定。

(5) 詢問管理階層有關資產報廢的情形。

所有報廢與處分均已適當記錄的證據，是與「存在或發生」、「權利與義務」及「評價或分攤」三個聲明相關。

3. 覆核維修費用的記錄

查核人員執行此項測試的目的在於，判定維修費用會計處理的適當性與一致性。適當性涉及受查者是否正確劃分資本支出或費用支出，因此查核人員必須去檢視每一筆交易的金額，以判定其是否重大到必須資本化，以及檢查相關的支持性文件，如供應商發票。一致性則涉及判定受查者對資本支出與費用支出的劃分標準是否與之前年度相互一致。

此項測試可提供不動產廠房及設備「完整性」及「評價或分攤」聲明的證據。

三、科目餘額之細項測試

1. 檢查不動產廠房及設備

檢查實體不動產廠房及設備可使查核人員對該項資產的存在獲得直接的證據，而在繼續接受委任的查核案件中，查核人員可能只要檢查帳上列示當年度新取得的不動產廠房及設備項目。然而，查核人員還應該具備敏感度，尋找可能未列於取得及處分明細表的不動產廠房及設備存在之線索，以及不動產廠房及設備目前是否正在使用的相關證據。

2. 審查所有權文件和契約

雖然查核人員已檢查實體不動產廠房及設備的存在與否，但是實體存在並不代表其一定屬於受查者，查核人員還必須審查所有權的文件與契約。動產如車輛的所有權證明文件為行照、保單等；設備的所有權證明文件應為已付款的發票；不動產的所有權證據則可從財產稅稅單、抵押付款收據、保單或資本租賃合約等獲得。

3. 會計估計的證實測試

(1) 覆核折舊費用的提列

此項測試中，查核人員應尋找折舊費用的合理性、一致性及正確性的證據，步驟如下：

A. 先確定受查者所採行的折舊方法，可透過覆核受查者編製的折舊費用明細表，及詢問受查者而得知。

B. 瞭解折舊方法之後，查核人員必須判定受查者目前所採行的折舊方法，是否與以前年度一致。對於繼續受任的查核案件，查核人員可藉由覆核過去年度工作底稿而得知。

C. 接著要確認折舊費用的合理性，此時查核人員要考慮受查者估計耐用年限的方式是否合理，以及現有資產的剩餘耐用年限是否合理。

D. 再來要驗證折舊費用金額的正確性，查核人員可依照相同資料，重新計算折舊費用。若不動產廠房及設備的項目眾多，則查核人員可透過抽樣基礎重新計算主要不動產廠房及設備的折舊，以及當年度新取得與報廢部分的折舊而得知。

(2) 不動產廠房及設備的減損

不動產廠房及設備在取得與報廢之間，可能會發生價值減損等影響其評價的事項，查核人員應評估當資產使用方法有重大改變，或企業環境有重大改變時，受查者是否已對不動產廠房及設備價值的減損做適當的會計處理。

四、表達與揭露

不動產廠房及設備應表達於資產負債表上，而折舊費用則應表達於損益表上，至於採用的折舊方法、作為借款擔保而質押的財產也應予以附註揭露。質押的資訊可透過覆核董事會議事錄、長期契約協定、函證債務契約及詢問管理階層而得知。

14-3 規劃融資循環的查核

融資循環包括長期債務交易及股東權益交易。長期債務交易包括來自於公司債、抵押借款、票據及貸款的款項與相關本金與利息的償還；股東權益交易則包括普通股與特別股的發行與贖回、庫藏股交易以及股利的支付。本節討論查核目標主要針對發行公司債及普通股。

融資循環流程圖

財務規劃 → 獲取資金 → 資金運用 → 資金收回 → 會計紀錄

長期負債與股東權益的查核目標

聲明	交易的查核目標	帳戶餘額的查核目標
存在或發生	記錄的利息費用及其他損益交易代表本期所發生的長期債務交易事項的影響。	帳列的長期負債餘額代表在資產負債表日已經存在的債務。 帳列的股東權益餘額代表所有在資產負債表日已經存在的所有者權益。
完整性	所有當期發生的長期債務有關的利息費用及其他所得交易均已記錄。	長期負債餘額代表在資產負債表日對長期負債債權人的所有應付款項。 股東權益餘額代表所有者對帳列資產的請求權。
權利與義務		所有帳列的長期債務餘額為受查者的義務。 股東權益餘額代表所有者對帳列資產的請求權。

聲明	交易的查核目標	帳戶餘額的查核目標
評價或分攤	與長期負債有關的利息費用及其他所得交易均已依適當財務報導架構做適當評價。	長期債務和股東權益餘額已經依照一般公認會計原則作適當評價。
表達與揭露	長期債務和股東權益的交易均已於資產負債表中適當地辨認及分類。	長期負債和股東權益餘額均已在資產負債表中適當地辨認及分類。所有與長期債務有關的條件、承諾及贖回條款均已適當揭露。所有關於股票發行的事項，如每股面值或設定價值，核准和發行股數及持有庫藏或設定為選擇權的股數皆已揭露。

在進行融資循環的查核之前必須先考量幾個問題：

1. 重大性，長期債務與融資交易對財務狀況表達的重要性會依照公司特性而有所差異，因此分攤重大性前，應先瞭解受查者長期負債對總負債和股東權益的比例等相關資料。長期負債與股東權益的附註揭露通常是較重要的部分。
2. 固有風險，融資循環交易的執行與記錄的不實表達風險通常很低，因為這些交易並不常常發生。
3. 控制風險，融資循環的主要交易大部分都需要經過董事會的授權同意，且董事會的審計委員會可能會嚴密監控融資活動與控制，因此控制風險水準會較低。
4. 分析性程序，這些分析性程序提供評估企業對融資的需求、支應負債的能力以及利息費用合理性的線索。下表為相關比率分析釋例。

分析性程序的釋例

比　　率	查核意義
自由現金流量 （營運活動現金流量－資本支出）	負的自由現金流量表示對現金或投資的需求量。 獲得不尋常高報酬的因素。
附息債務對總資產比	與前一年度或產業資料相比較，確定企業長期負債比率之合理性。
股東權益對總資產比	與前一年度或產業資料相比較，確定負債比率的合理性。
資產報酬率和債務增額成本的比較 ｛資產報酬率＝〔淨利＋利息╳（1－稅率）〕／平均總資產｝	若受查者的資產報酬率高於債務增額成本，表示受查者可用債務融資擴大企業的資產及盈餘。
普通股權益報酬率	在已知受查者盈餘及財務結構下，協助判斷股東權益的合理性測試。
營運活動現金流量（流動負債＋股利）對比	此比率若小於 1，表示受查者可能有潛在的流動性問題。
利息保障倍數	比率若小於 1，表示受查者的盈餘不足以支應融資成本。

14-4 長期負債的證實程序測試

由於長期債務交易的特殊性質和非經常性，大部分聲明的固有風險都相當低，除了「完整性」及「評價或分攤」聲明之外。由於未入帳的負債較難察覺，故完整性聲明的固有風險會較高；而公司債溢折價攤銷的計算非常繁複，故評價或分攤這項聲明的固有風險也會較高。根據這些考慮與相關控制風險的評估，決定適當的可接受偵查風險水準。證實程序測試的步驟如下：

一、初步程序

要先取得對受查者及其所處產業的瞭解，以決定債務與權益對受查者的重要性、影響受查者融資需求及支應債務與權益成本能力的因素，以及使用債務或權益融資對受查者盈餘的影響等，再執行一些初步程序：

1. 將期初負債餘額與上年度工作底稿相核對。
2. 覆核長期負債的活動及相關的損益表科目，並調查不尋常的分錄。
3. 取得受查者所編製的長期負債明細表，並確定其正確性。

二、分析性程序

評估長期負債合理性的比率

比　　率	查核意義
長期負債股東權益比率	若此比率過高，查核人員應去瞭解受查者償債能力及財務槓桿等財務規劃。
長期負債對總資產比率	與前一年度或產業資料相比較，確定企業長期負債比率之合理性。

三、交易之細項測試

逆查長期負債帳戶及相關損益表帳戶的分錄，至相關的證明文件，如債務在發行日的面值和所得淨額的證據，而債務本金的償還可追查至已付款支票。逆查長期負債分錄可提供「存在或發生」、「完整性」、「權利與義務」及「評價或分攤」等四項聲明的證據，不過，逆查長期負債分錄並不能看出有未入帳長期負債。

四、科目餘額之細項測試

1. 覆核授權文件及合約

發行長期負債之前，一定會經過董事會的授權，故查核人員應覆核董事會的議事錄及相關的公司章程條款，也可能包括受查者的法律顧問對債務合法性所表示的意見。此項測試所獲得的證據與五個聲明皆有關係。

2. 函證長期負債

查核人員須直接與貸款人和債券信託人聯繫，以函證的方式詢問長期負債的存在及其條件，此類詢證函應包含對債務的現狀和當年度交易（包括支付利息等）的詢問。所有的詢證回函應與紀錄做比較，並對其中的任何差異加以調查。函證長期負債為「存在或發生」、「完整性」、「權利與義務」及「評價或分攤」等四項聲明提供證據。

3. 重新計算利息費用

查核人員重新計算受查者的利息費用，並追查利息支付到佐證的憑單、已付款支票及函證回函，應付利息可經由最近一次付息日的資料，重新計算受查者帳列應付利息。重新計算利息費用及應付利息為「存在或發生」、「完整性」及「評價或分攤」等聲明提供證據，而重新計算應付利息還能為「權利與義務」聲明提供證據。

五、表達與揭露

查核人員應先瞭解適當之財務報導架構，將報表表達與其相比較：(1) 決定長期負債餘額已在財務報表上做適當分類；(2) 判定所有長期負債的發行條件、限制、承諾及贖回條件的揭露之適當性。

14-5 股東權益的證實程序測試

關於股東權益餘額聲明的固有風險評估，是視影響該帳戶的交易性質和經常性而定，而一般公開發行公司的例行股票交易都是交由簽證或代理機構處理，故此種情形的固有風險及控制風險可能很低；但當公司涉及非例行性交易，如：可贖回股票、可轉換證券或股票選擇權時，固有風險與控制風險評估可能會較高。接著再判定可接受偵查風險水準。以下為股東權益的證實測試步驟。

一、初步程序

長期債務之證實程序的初步程序已涵蓋股東權益之初步程序，此項目不需要重複做。

二、分析性程序

計算下列比率，並分析實際比率與上年度、預算資料或其他資料比率的異同：

評估股東權益合理性的比率

比　　率	查核意義
普通股權益報酬率	若此比率異常的高，查核人員應去瞭解受查者獲得不尋常高報酬的因素。
股東權益對總資產比	與前一年度或產業資料相比較，確定企業權益比重的合理性。
股利支付率	查核人員一般會預期，把盈餘再投資到營運資金和長期性資產的高成長公司，會有較低的股利支付率。
每股盈餘	與產業價格盈餘比率相比較，以確認此比率的合理性。
持續成長率〔普通股權益報酬率 ×（1 －股利支付率）〕	查核人員應預期，當銷售成長率明顯會高於持續成長率時，財務結構將會有改變。

三、交易之細項測試

1. 逆查股本帳戶的分錄

股本帳戶的任何變動應逆查至其證明文件。對於所發行的股票，市場價值是評價的最佳方式，而對於股票的新發行，查核人員應檢查發行之現金所得的匯款通知書，如果股票之對價並非現金，則查核人員應謹慎地檢查其評價基礎，甚至可能要進行實物價值的評鑑。

查核人員在查核庫藏股交易時，可從董事會的議事錄中取得相關的核准文件、支出憑單及已付款支票作為佐證。

逆查股本帳戶的分錄可提供「存在或發生」、「權利與義務」及「評價或分攤」等三項聲明的證據。

2. **逆查保留盈餘帳戶的分錄**

逆查可使查核人員判定是否：(1) 投入股本與保留盈餘已做適當區分；(2) 已經符合適用的法律及合約的規定；(3) 逆查保留盈餘帳戶的分錄可提供「存在或發生」、「權利與義務」及「評價或分攤」等三項聲明的證據。

四、科目餘額之細項測試

1. **覆核受查者公司章程**：查核人員應詢問管理階層和受查者之法律顧問，關於公司章程及施行細則的變動，最好能取得雙方的書面聲明。對於初次受查的客戶，查核人員應對其公司章程及施行細則做廣泛地覆核，並於工作底稿記下重要事項。此項測試可為「存在或發生」及「權利與義務」兩項聲明提供證據。
2. **覆核股票發行的授權文件及條件**：查核人員應覆核受查者董事會的議事錄，以取得當年度股東權益交易已獲授權的證據。同時也應檢查每次發行股票時，有關股利宣告和清算的限制條款或轉換優先順序的規定，並在工作底稿上做適當註明。此項測試可為「存在或發生」及「權利與義務」兩項聲明提供證據。
3. **向簽證和股務代理機構函證流通在外股數**：查核人員應向簽證和股務代理機構進行函證，確認已核准股數、已發行股數及資產負債表日流通在外股數的資料。詢證回函應與股本帳戶和股東分類帳相比較。函證流通在外股數可為「存在或發生」、「完整性」及「權利與義務」等三項聲明提供證據。
4. **檢查庫藏股的股權文件**：查核人員應於盤點其他證券時，同時對庫藏股票進行盤點所持有的股數應符合庫藏股帳戶顯示的股數。檢查這些文件的同時，查核人員應於工作底稿註明當年度取得的股數。此項測試可為「存在或發生」、「完整性」及「權利與義務」等三項聲明提供證據。

五、表達與揭露

查核人員應先瞭解適當財務報導架構，將報表表達與其相比較：(1) 決定股東權益餘額已在財務報表上做適當的辨識與分類；(2) 決定當期內所有股東權益餘額的改變、面值或設定值、股利和優先清償權、積欠股利、認股權計畫、轉換條件和庫藏股揭露之適當性。

查核現金餘額

15-1 現金餘額的查核目標

15-2 現金交易的內部控制

15-3 現金的證實程序

附錄 挪用資產和土地投資舞弊（聯明案）

15-1 現金餘額的查核目標

現金這個科目具有以下兩種特色：

1. 現金是流動性最高的資產，容易引起員工的竊盜、盜用及侵佔。而現金的被竊、被盜，以及被侵佔，可能會造成財務報表的允當性受到質疑。
2. 收入、費用、負債及大部分的其他資產科目均流經現金科目，這些科目不是源自現金交易，就是促成現金交易，透過查核現金，可以同時確認其他科目餘額的允當性。

因此，雖然部分現金項目的餘額不大，如零用金，在重大性的考量上，或許對財務報表不會造成太大的影響，但是查核人員仍然會花時間去進行現金的查核工作。

現金餘額的查核目標

聲明	帳戶餘額查核目標
存在或發生	帳列的現金餘額確實存在資產負債表日。
完整性	帳列的現金餘額包括所有已發生的現金交易之影響。 年底各銀行間現金的調撥皆已記錄。
權利與義務	公司對於資產負債表日的所有現金餘額，擁有法律的所有權。
評價或分攤	已記錄的現金餘額可按照資產負債表上所載數額實現。
表達與揭露	現金餘額已在資產負債表上經適當辨認並分類。

學校沒教的會計潛規則

現金有很高的風險，此外要大部分的公司盤點也相較容易，因此針對現金查核人員會將重大性設為最低。現金盤點主要由查核人員在旁邊觀察公司員工盤點，通常不會自己盤點。

15-2 現金交易的內部控制

一般現金交易的內部控制通則

1. 一項現金交易從頭到尾不得僅由一位員工處理。
2. 分離現金處理與帳務記錄。
3. 收到現金，應立即入帳。
4. 將每日收到的現金全數存入銀行。
5. 除小額零用金之外，其他現金支付皆以支票或電子轉帳系統付款。
6. 每個月均由非保管現金或簽發支票的員工編製銀行調節表，且調節表應經由適當的主管覆核。
7. 預測現金收支，並調查實際數與預計數的差異。

一、現金收現的內部控制

當兩個或兩個以上的員工（通常一位銷貨員與一位出納員）參與同一項交易時，現金銷貨的內部控制會較為嚴密。

電子銷貨點系統（Electronic Point-of-Sale System），所有的商品都要先貼上條碼標籤，在結帳時，售貨員透過電子掃描器讀出商品的標價及其他資料，掃描的同時，收銀機立即自動按標價列記銷貨，減少售貨員列記錯誤銷貨金額的風險，也降低舞弊的風險。

而許多製造業，由於一次的銷貨金額都很大，故會接受賒銷的情形。在進行收款時，主要的方式為收取支票。茲將郵寄支票為現金收入的典型內部控制系統說明如下：

所有寄達的支票都在收發室拆閱，並由一名職員負責在寫有「禁止背書轉讓」的支票上蓋上公司的背書章，並編製現金收入的控制清單。清單係按照付款顧客的姓名或帳號分別列示其支付的金額，然後將一份清單副本送給會計長，再將一份副本與收到的現金送交出納員，另一份副本與匯款通知書則送交負責記帳的職員。除非編製控制清單的職員、出納員、記帳員等皆為同一人，否則發生虧空的可能性很小。

採用電子資金轉帳也是另一種有效的內部控制，透過電子資料交換系統，允許不同公司電腦間資料的交換，或公司銀行帳戶間電子化資金的移轉。優於支票的原因在於其減少了紙張文件流程、處理成本，以及延遲的機率，然而此系統需要較多資料輸入與內部控制的機制，以及當系統發生故障時的備份控制。

若公司職員管理現金收入，同時又管理應收帳款的分類時，可能會發生一舞弊的情形，稱為延壓入帳（Lapping）。延壓入帳是未經授權而盜用現金收入的舞弊行為，舉例說明，出納員盜用了來自顧客 A 的現金收入，當顧客 B 的帳款收取後，他便貸記在顧客 A 的帳戶，而當顧客 C 的帳款收取後，再使顧客 B 的應收帳款顯示已支付。當查核人員發現受查者的職員分工有此問題時，必須注意受查者是否有延壓入帳的情形。

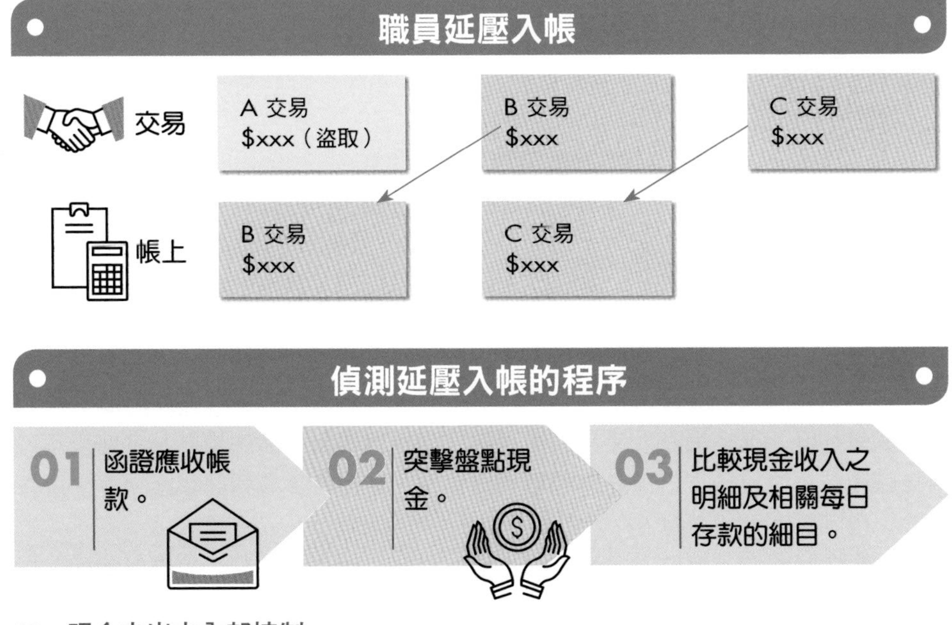

二、現金支出之內部控制

1. 支票帳戶支出

要求以支票付款的主要優點是可以取得在支票上的背書來作為收款人領收的證據。其他優點還包括：

(1) 將支出的核准權集中於經指定的主管手中，只有這些主管才有權簽發支票。

(2) 使支出具有永久性的紀錄。

(3) 減少庫存現金的數額。為了充分發揮支票的控制功能，所有支票必須事先連續編號，尚未發出但已預先編號的支票要妥善保管，防止失竊與誤用，作廢的支票則必須在票面上作註銷的記號，並歸入已付款的檔案中，以消除再度被使用的可能性。

而有權簽署支票的主管，必須覆核該項付款的所有證明文件，在簽署支票後，應將這些單據打洞註銷，以防止再被用來請款。為了使偽造竄改的舞弊發生可能性降低，支票一經簽署後，不應再退回給編製及簽章的會計部門。多數簽發大量支票的公司，均使用電腦或支票簽字機（Cheque-Signing Machines），其會在每張支票印上授權核准人員的簽名。在使用電腦製作支票的同時，可利用項目數、控制總數及現金總數來確保這些支票為已授權的現金支出；在使用支票簽字機時，應使用鑰匙才能取出已簽字的支票，而當機器不使用時，傳真簽字版必須取出妥善保管。

支票帳戶之內部控制

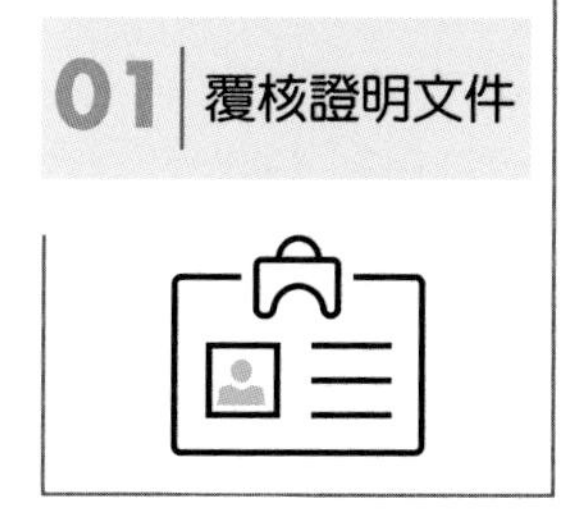

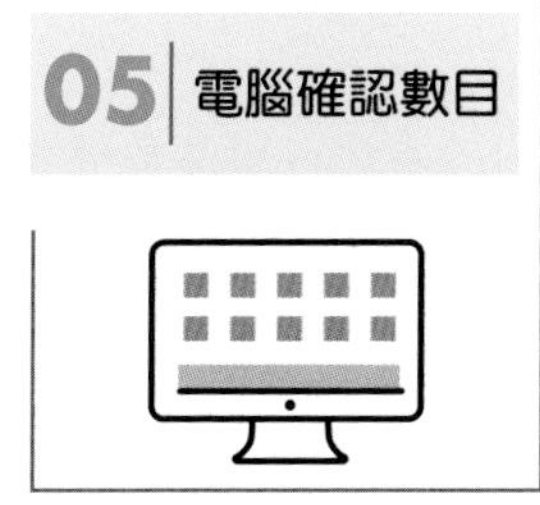

有權簽署支票的主管

2. 零用金支出

對定額零用金內部控制的執行，主要的時點在撥補零用金時，而非每一次支出時。當零用金管理人提出撥補零用金的申請時，應檢查每筆支出的憑證，以確定其完整性與存在性，並將其銷毀或打洞註銷，以防止重複使用，然後才能進行撥補的動作。

零用金有時是採設置銀行專戶的形式，在這個帳戶內，不得接受任何以公司為受款人的支票存入，目的在於防止經常性的現金收入流進零用金中，僅可接受在撥補零用金時，以銀行或零用金管理人為受款人的支票存入。

15-3 現金的證實程序

一、現金查核之初步測試

在進行現金餘額之詳細測試以前，查核人員應先確定其已瞭解「受查者的業務」及「現金餘額對受查者的重要性」。例如：查核人員可能應瞭解流經各種現金帳戶的交易量、受查者從營業活動產生真正現金流量的能力、受查者編製現金預算的政策，以及受查者投資剩餘現金的政策等。

驗證現金餘額的起點為：追查當期期初餘額至前一年工作底稿（當可得時）上的期末審定餘額。接下來，應覆核當期總帳現金帳戶中的任何重要分錄，看是否有性質上或金額上不尋常而須作額外調查的地方。除此之外，還要取得受查者編製有關在各不同地點未存入銀行的現金收入的彙總清單，以及銀行存款餘額的彙總表。這些表格在計算上的正確性應加以判定，且應與總帳中的現金餘額相核對。這樣的測試提供了「評價或分攤」聲明的證據。

二、現金查核之交易細項測試

有些詳細的證實測試，如順查（Tracing）、逆查（Vouching）現金收入與支出交易，通常與控制測試同步執行，由這些測試所取得的證據與此處討論的測試所取得的證據相結合，已對現金餘額是否允當表達作成結論。以下將考慮兩種交易測試，通常於資產負債表日或接近資產負債表日時執行。

1. 執行現金截止日的測試

年底現金收支的適當截止，對於現金在資產負債表日的適當表達是很重要的，確定適當截止的方法如下：

(1) 在資產負債表日盤點受查者的現金，所有收到的現金應包括庫存現金及在途存款。

(2) 查核人員還必須查核資產負債表日時，每家銀行帳戶所簽發的最後一張支票，以及新支票是否已經寄出，以避免受查者為改善流動比率，對債權人的支票先行開出，但在一段期間（數日或數週）後才將此支票送達。

(3) 覆核資產負債表日前後數日的現金收付原始憑證，並確定其會計紀錄屬於適當期間。

(4) 使用銀行截止日期對帳單，將有助於判定現金是否有適當截止（於現金餘額的證實測試中詳細說明）。

現金截止日期測試主要針對的財務報表聲明為「存在或發生」及「完整性」。

2. 追查年底間銀行轉帳情形

受查者通常擁有許多銀行帳戶，可在這些帳戶之間作轉帳調撥，例如：由一般銀行帳戶轉一筆錢到薪資銀行帳戶中，以便償付薪資支票。當發生銀行轉帳時，在支票提領而銀行釐清這些支票之前，通常會有好幾天的時間，因此銀行記載的無款餘額在這段期間將會高估，因為薪資支票的金額皆存入銀行，而支票未經提領支付，銀行將不會將存款餘額減除。若銀行的收支不是記錄於相同會計期間，銀行間轉撥也會造成帳上銀行存款餘額的不實表達。

追查銀行間轉帳情形是為了防止「騰挪（Kiting）」，而發生高估現金餘額的情事。騰挪指在決算日將一銀行支票存入另一銀行，收取支票銀行記錄該筆收入，而付款銀行可能在決算日尚未透過交換取得支票，因此未記錄為支出，而公司帳上亦未列記此筆支出，因而造成在決算日，該筆款項同時存在兩家銀行，以虛增銀行存款餘額。除了透過追查銀行間轉帳之外，還可取得銀行截止日期對帳單，以及執行現金截止日期測試，來查核是否有騰挪的情形。

追查銀行間轉帳時，查核人員需要有關銀行轉帳有效或不實的證據，這些證據可藉由編製「銀行轉帳明細表」獲得，明細表上的資料可從帳載的現金分錄及銀行對帳單和截止日期銀行對帳單的分析得之。明細表列出客戶年度終了日或前幾天所簽發的所有轉帳支票，並列示支票由客戶和銀行記錄的日期。追查銀行間轉帳能為「存在或發生」及「完整性」聲明提供可靠的證據。

追查銀行間轉帳

支出		收入	
公司帳	銀行帳	公司帳	銀行帳
（配合銀行） 期初	期初	期初 （隱藏現金短缺） 期末 （高估現金）	期末

3. 分析性程序

現金餘額深受管理階層財務決策的影響，查核人員對現金執行分析性程序，可利用現金實際數與預算數相比較，與查核規劃時所進行的分析性程序相同。當比較結果呈現合理關係時，可作為現金「存在或發生」及「完整性」兩個聲明的輔助性證據。

三、現金查核之科目餘額細項測試

1. 盤點庫存現金

一般而言，庫存現金包括未送存銀行的現金收入及零找金，為適當地執行現金盤點，查核人員應：

(1) 控制受查者所有現金及可轉讓投資工具，直到全部盤點完畢。除非能夠將所有現金及可轉讓工具同時盤點，否則將給予不誠實的主管或員工利用各資產之間的轉換而掩飾現金短缺的情形。

(2) 堅持現金保管人在整個盤點過程中都要在場。

(3) 盤點完成後，應取得現金保管人簽字並註明日期的承諾書，說明整個盤點過程中，現金保管人全程在場，且盤點完成，有將現金全數歸還。

(4) 在現金中若發現，有為主管或員工的方便，收取他們的支票而兌付現金者，則應衡量該支票是否有效，以及收回的可能性，否則應從現金科目轉出。

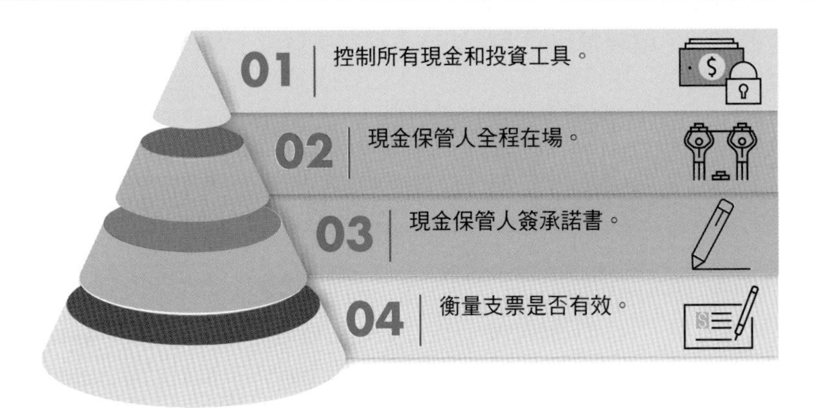

控制所有現金的方法，要能避免受查者將已盤點的現金移轉至未盤點現金，若受查者將現金存放於數個地點，則將現金密封及加派額外的查核人

員，通常是必要的程序。以免受查者的現金實際上短缺，但卻聲稱交由查核人員盤點的現金是完整的情況發生。

此項測試為「存在或發生」、「完整性」、「權利與義務」，以及「評價或分攤」等四個聲明提供證據。但是要額外注意的是，受查者可能用私人現金來掩飾短缺的情形，故對「權利與義務」這項聲明所提供的證據是較為薄弱的。

2. 函證銀行存款

查核人員通常以銀行函證來確認資產負債表日的銀行存款及貸款餘額，而且應採用積極式的詢證函，即無論要求受函證的內容是否相符，對方均須函覆的方式。凡重要往來的金融機構未回函者，應再次發函詢證，如仍未獲回函，查核人員得考慮採取其他必要的證實查核程序代替。

還有很重要的一點，在查核期間內，凡與受查者有往來的金融機構，無論期末是否仍有存款、借款的餘額，或是已經核閱了該金融機構寄發的對帳單，查核人員均要向所有與受查者有過往來的金融機構進行函證。而向金融機構詢證的事項通常包括：

(1) 存款之餘額及提款之限制等。

(2) 借款之餘額、利率、到期日及擔保品等。

(3) 已開立但未使用之信用狀餘額。

(4) 匯票到承兌及商業本票之餘額及到期日等。

(5) 應收票據貼現及其他由金融機構保證事項之餘額。

(6) 託收票據之餘額。

函證銀行存款主要有下列兩點關於銀行存款的聲明提供證據：

(1) 存在或發生，因為受查者會有書面承認聲明其銀行存款餘額的多寡。

(2) 權利與義務，因為存款帳戶的戶名為受查者，在帳戶中的現金餘額即屬於受查者之權利。

銀行的回函則為「評價或分攤」這個聲明提供證據，因為由函證餘額可獲得資產負債表日的正確現金餘額。函證銀行貸款則主要為下列三項聲明提供證據：

(1) 存在或發生，因受查者會有書面承認其銀行貸款餘額確實存在。

(2) 權利與義務，因為此項貸款確實以受查者名義存在，屬於受查者的負債。

(3) 評價或分攤，因回函會顯示確實的貸款金額。

3. 函證其他與銀行的協定

其他和銀行的協定包括信用額度、補償性存款以及或有負債等事項。和銀行建立信用額度的協定可能要求借款者必須在銀行保留一定的現金餘額，這個現金餘額可能是以所借款項的某一協定比例來計算，或是一定數額，而所要求的最低數額即為補償性存款餘額。當受查者為第三者向銀行借款的保證人時，則可能會有或有負債存在。

如果查核人員在評估固有和控制風險之後，認為有上述協定存在時，應該寄詢證函給銀行，此詢證函應特別註明所要求的資訊並由受查者簽名。詢證函最好能直接寄給負責處理受查者與銀行間關係的銀行主管，如此將能加速函證過程，並提高證據的品質。此項證據將能提供用來證明「表達與揭露」這項聲明。

4. 取得或編製銀行往來調節表

當可接受的偵查風險水準較高時，查核人員可以審視（Scan）委任受查者所編製的銀行往來調節表，並驗證調節表的正確性。如果偵查風險處於中等水準時，查核人員可能需要覆核（Review）受查者的銀行往來調節表，一般符合程序包括：

(1) 比較期末銀行餘額與銀行詢證函所函證的餘額。

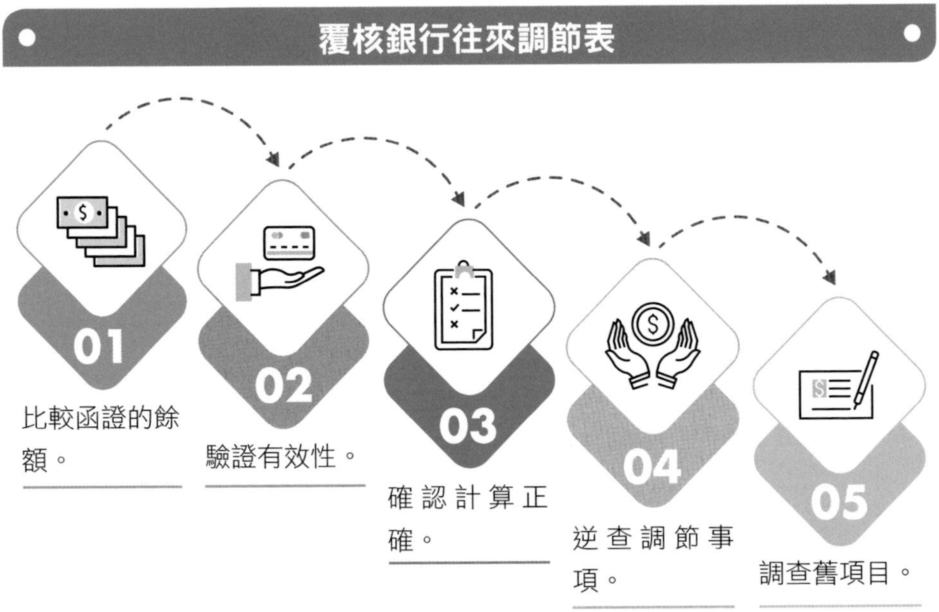

覆核銀行往來調節表

01 比較函證的餘額。

02 驗證有效性。

03 確認計算正確。

04 逆查調節事項。

05 調查舊項目。

(2) 驗證在途存款與未對現支票的有效性。

(3) 確認調節表的計算為正確的。

(4) 逆查調節事項（銀行手續費、錯誤等）至相關憑證。

(5) 調查舊項目（如長期未兌現支票及不尋常項目）。

當偵查風險較低時，查核人員可能利用受查者所持有的銀行資料，重新編製銀行往來調節表。當偵查風險非常低時，或查核人員懷疑有重大不實表達時，查核人員就必須直接從銀行取得當期末的銀行對帳單，再自行編製銀行往來調節表，因此查核人員必須請求受查者指示其往來銀行，將對帳單及相關資料（如已付款支票、借項通知單等）直接寄給查核人員，如此將能降低受查者竄改資料以掩飾任何不實表達的機會。

審視、覆核或是編製銀行往來調節表，確立了資產負債表日正確的銀行存款餘額，因此，這是「評價或分攤」聲明的主要證據，同時也提供「存在或發生」、「完整性」，以及「權利與義務」聲明的證據。

5. 取得並使用截止日期銀行對帳單（Bank Cut-off Statements）

截止日期銀行對帳單是張涵蓋資產負債表日後數個營業日的銀行往來結單，這段期間足以使大多數的期末未兌現支票向銀行兌現，通常為客戶會計年度終了後七至十個營業日。

受查者必須向銀行要求編製此截止日對帳單，並指示直接寄給查核人員。

收到截止日期銀行對帳單及相關附件時，查核人員應該採取下列行動：

(1) 追查列在銀行往來調節表上的未兌現支票。追查支票是為驗證未兌現支票的清單，在此步驟中，查核人員也可以發現未列於未兌現支票的前期支票卻有銀行支付，而有些列作未兌現支票的前期支票卻未受銀行清理支付。

(2) 前者可能是有騰挪的舞弊現象，後者則可能為郵寄支票的延遲、受款人請求支付的延遲，或是銀行清理支票的延遲等情形，查核人員應調查所有可能異常的情形。

(3) 追查銀行往來調節表上的在途存款至截止日期對帳單的存款。追查在途存款至截止日期對帳單通常是較為容易的，因為截止日期對帳單上的第一筆存款，應該就是銀行往來調節表上的在途存款，若非如此，查核人員就應該調查可能的延遲情形，並要求受查者作合理解釋。

(4) 審視（Scan）截止日對帳單及相關附件，看是否有不尋常項目，例如：受查者應行調節的分錄顯示不尋常情況及銀行錯誤與更正。

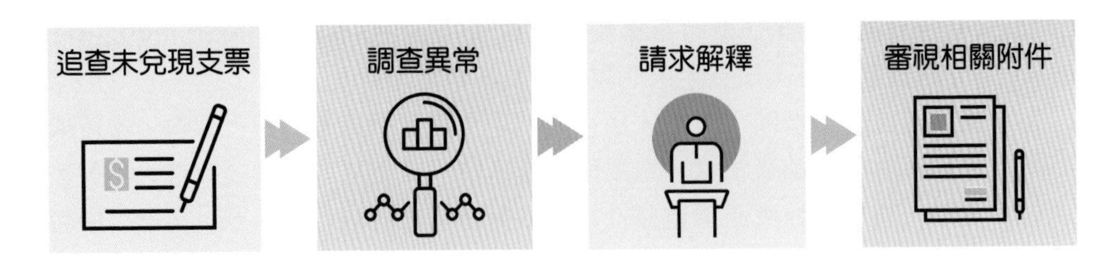

由於截止日對帳單是查核人員直接由銀行取得的，而非經過受查者，故此證據較具獨立性與可靠性，能夠對期末銀行往來調節表的有效性，以及銀行存款的「存在或發生」、「完整性」、「權利與義務」及「評價或分攤」等聲明，提供高度的證明。

四、表達與揭露

現金須在資產負債表中經適當的辨別與分類，如：

1. 補償性存款應與銀行存款科目明確劃分，必有適當的表達與揭露。
2. 銀行透支科目的表達應清楚適當，銀行透支屬於流動負債科目。
3. 償債基金的表達應清楚適當，償債基金的現金屬於長期投資科目。
4. 定期存款在資產負債表的歸類，應檢視其期間與存款價值變動的風險，若存款期間大於三個月且價值變動風險高，不應列於約當現金，應歸屬至其他金融資產。

除此之外，尚須適當揭露與銀行之間的約定，如信用額度、補償性存款，以及或有負債等。

查核人員可藉由覆核受查者報表的草稿，以及先前因執行證實測試所得的證據，來判定報表表達的適當性。此外，查核人員還應該覆核董事會的會議紀錄，並詢問管理階層，以得到現金用途是否受限制的證據。

附錄　挪用資產和土地投資舞弊（聯明案）

一、許豐暘（聯明行動科技股份有限公司負責人），因為炒作聯明公司股票，掏空聯明公司資金新臺幣 2,900 萬元。

二、舞弊流程

1. 曾麗珍與許豐暘、楊詠淇、劉東益共同違反財務報告不實及製作虛偽不實會計憑證，製作聯明公司虛偽向弘榮公司採購廢塑膠設備 7,807 萬 169 元之不實憑證。許豐暘因非法挪用聯明公司款項 7,807 萬 169 元，包括：(1) 盛天隆公司虛偽交易，挪用聯明公司 3 筆款項分別為 1,240 萬 9,583 元、200 萬元、896 萬 3,136 元；(2) 易利旺公司虛偽交易，挪用聯明公司 250 萬元；(3) 假藉委任劉東易斡旋購買土地名義挪用聯明公司 508 萬 1,200 元；(4) 以聯明公司款項借予吳宗憲，吳宗憲還款 224 萬元，惟遭許豐暘挪用；(5) 瑞政公司虛偽交易，挪用聯明公司 1,157 萬 6,250 元；(6) 優士多公司虛偽交易 3,330 萬元。如交易金額高達公司實收資本 20% 以上，且逾 3 億元，依公開發行公司取得或處分資產處理準則第 9 條之規定，應先取得專業估價者出具之估價報告，但公司於未取得專業估價者提出估價報告，且僅依簡略分析報告作出決定，故認為上該交易係屬不實。
2. 而後許豐暘為製造假金流，向知情者曾麗珍借款，由曾麗珍向元大銀行和臺灣銀行借款總共 78,070,196 元，交付逾許豐暘於同日邀請胡立三、王萬新兩位會計師至聯明公司查核。會計核閱後，許豐暘將該筆金額還給曾麗珍，藉此完成虛假之金流，實際金流並非由上訴公司還款而得。聯明公司因此於下列財報，就曾麗珍上開借款，不實登載為弘榮公司之簽約款，使上開高達 7,435 萬 2,542 元之虛偽金流，成為與弘榮公司虛偽合約之簽約金，造成市場不特定投資人對聯明公司誤認卻有依約履行之假象，影響證券市場之誠信，而具有重大影響。
3. 弘榮公司虛偽返還 5,000 萬元予聯明公司，聯明公司與弘榮公司所定虛偽合約規定採四段式付款，訂金 1.9 億元、交貨 2 億元、安裝 3 億元、驗收 3 億元，但因楊詠淇開立之弘榮公司發票在交貨前已高達 2.4 億元，超過聯明公司應付之訂金 1.9 億元，帳上溢付弘榮公司設備款 5,000 萬元，而遭會計師質疑及櫃買中心關切，為此許豐暘再次找曾麗珍借款，假借弘榮公司退還聯明公司預付機器款 5,000 萬元。

4. 聯明公司為製作弘榮公司虛偽返還聯明公司溢付款 5,000 萬元、瑞政公司及上海速博公司虛偽返還投資款合計 1,000 萬元，及盛天隆公司虛偽給付買價金 2,600 萬元，聯明公司帳上有 8,600 萬之入帳記載，為事後曾麗珍收回借款款項。為藏匿上述虛偽交易，聯明公司偽以不動產買賣斡旋金為由清償借款 8,600 萬元

5. 張傳逃漏稅捐之部分：聯明公司於 98 年 3 月間欲出售其位於臺北市之土地，由代書張傳及其幾位友人一同仲介出售於張福泰，約定總價款 5,200 萬元，仲介費用 3%。因張傳向許豐暘表示不想因此被課稅，許豐暘表示願意由張傳安排非實際仲介之人在聯明公司制式之給付各類所得收據上簽名，因此不當逃漏綜合所得稅額 1 萬 5,459 元。

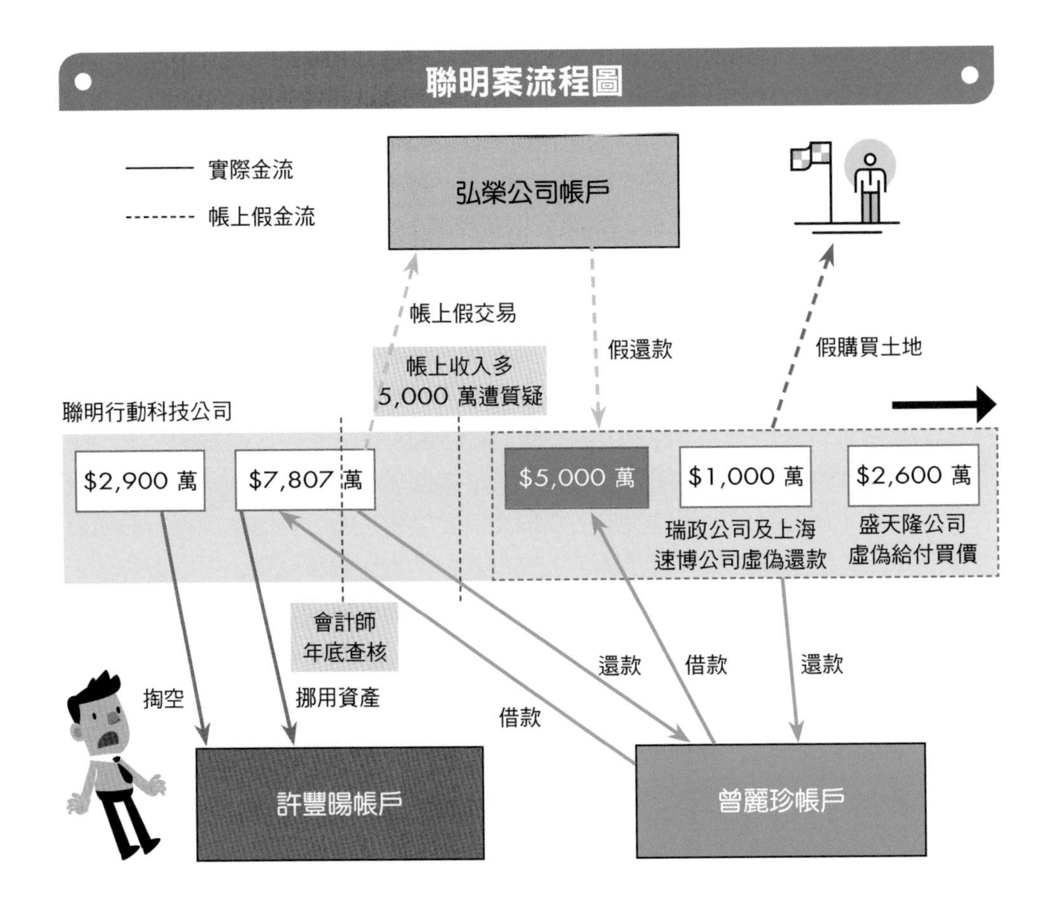

Chapter 16

查核工作之完成

16-1 外勤工作之完成

完成查核工作之流程圖

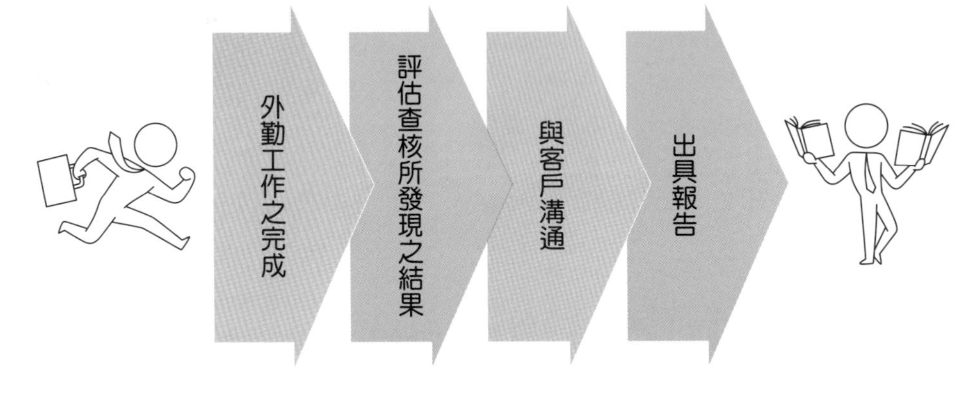

在完成外勤工作此一階段中，查核人員尚須執行下列程序：

1. 取得客戶聲明書。
2. 閱讀相關之會議紀錄。
3. 執行分析性覆核。
4. 覆核期後事件。

一、取得客戶聲明書

客戶聲明書的主要目的是讓客戶管理階層承認財務報表的編製是其責任，根據審計準則公報的規定，無論是美國或我國，客戶聲明書的取得是一項必要的查核程序，它的具體意義代表了管理當局對其聲明作最後的書面確認，藉以降低查核人員與客戶之間誤解的可能性。除此之外，有許多關於客戶公司的額外資訊並無法在財務報表上表達出來，但這些資訊卻會影響查核人員對最後評估結果的判斷，在無法從其他來源獲得這些資訊時，客戶聲明書是一個非常好的查核證據，但須注意的一點是，取得客戶聲明書係用以補充查核程序，但不能取代其他必要查核程序，除非在查核人員發現聲明事項與查核時所發現之事實不符外，查核人員得信賴客戶聲明書。

在我國一般公認審計準則，客戶聲明書都應考量委任事項、財務報表表達之性質及基礎，內容通常有下列事項：

1. 確知財務報表之編製及允當表達為管理階層之責任。
2. 財務及會計紀錄與有關資料業已全部提供。
3. 股東會及董事會之會議紀錄業已全部提供。
4. 所有交易事項皆已入帳。
5. 關係人名單、交易及其有關資料業已全部提供，與關係人之重大交易事項皆已揭露。
6. 期後事項業已全部提供，重大之期後事項亦已調整或揭露。
7. 無任何違反法令或契約規定之情事；如有，業已調整或揭露。
8. 未接獲主管機關通知調整或改進財務報表之情事；如有，皆已依規定辦理。
9. 無蓄意歪曲或虛飾財務報表各項目金額或分類之情事。
10. 補償性存款或現金運用所受之限制，業已全部揭露。
11. 應收帳款等債權均屬實在，並已提列適當備抵呆帳。
12. 存貨均屬實在，其呆滯、陳舊、損壞或瑕疵者，業已提列適當損失。
13. 資產均屬合法權利，其提供擔保情形，業已全部揭露。
14. 無重大未估列之負債。
15. 資產售後買回或租回之約定，業已全部揭露。
16. 各項承諾如進貨、銷貨承諾等之重大損失，業已全部調整或揭露。
17. 無任何重大未估列或揭露之或有損失，如可能之訴訟賠償、背書、承兌、保證等。

上述之內容係屬於公報所強制規定之內容，除此之外，查核人員得視實際情況要求，將其他特定事項列入客戶聲明書。例如：

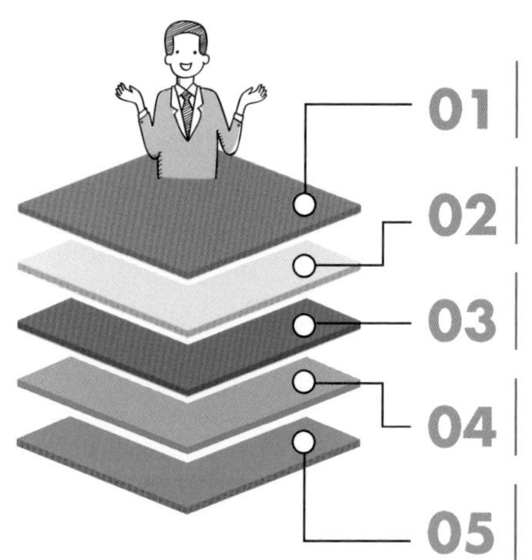

01 受查者面臨財務危機時，其繼續經營之意向及能力。

02 受查者財務困難時，對債務重新安排之意向。

03 會計變更之理由。

04 持有或出售各項投資之意向。

05 受查者將短期債務轉為長期債務之意向及能力。

此外，客戶聲明書上的日期應以查核人員查核報告日期為準，亦即以查核人員外勤工作終了日為客戶聲明書日期。若查核人員在完成外勤工作階段中，無法取得客戶聲明書，此一情形即構成了查核人員之查核範圍受到限制，查核人員在出具意見時，可依其自身判斷，出具保留意見或無法表示意見，若再次要求客戶出具聲明書仍遭拒時，則可考慮是否撤銷該委任。

二、閱讀公司相關會議紀錄

一般而言，公司在其平常營運時，會有董事會主導其運作方向，因此董事會通常會定期召開董事會決定公司重大事項，因而董事會之會議紀錄即成為記錄公司重大經營方向的查核證據，查核人員可以藉由取得董事會之會議紀錄，以瞭解董事所作成之決議是否有違反相關法令之規定，或所作成之重大決議是否會影響到查核人員既定之查核程式，是否有修改證實測試之必要。除了董事會會議紀錄外，股東會或客戶高階主管之會議紀錄亦是查核人員蒐集的重要證據之一。

三、執行分析性覆核

前面章節曾提及，查核人員可在查核的不同階段中執行分析性覆核程序，在每個階段中執行分析性覆核有其不同之目的，在完成審計階段中，執行分析性覆核之目的主要為印證查核結論，對財務報表做一整體覆核，又稱為最後覆核。在此一階段中，查核人員所執行分析性覆核必須去再一次瀏覽財務報表及其附註，透過比較等方式與原先所預期之結果再次驗證，瞭解其是否有不尋常或未預期到之情況發生，一旦有任何異常情況出現，查核人員應該再次執行其他查核程序以發現不尋常現象產生之原因，進一步做查核。在執行最後階段之分析性覆核程序時，應由經驗豐富並對整體產業有深入瞭解之查核人員，例如：經理或主查之會計師。

四、覆核期後事項

雖然財務報表的日期通常為每年年底，亦即資產負債表日，但查核人員在查核過程中，應考量之事項並不僅止於這一天，通常受查者仍會有重大事項在資產負債表日後發生，在查核人員未結束外勤工作之前，或者是未交付查核報告之前，對於所發生之重大事項仍須負不同程度之責任，這些事項均可通稱為期後事項。

1. 期後才取得之查核證據

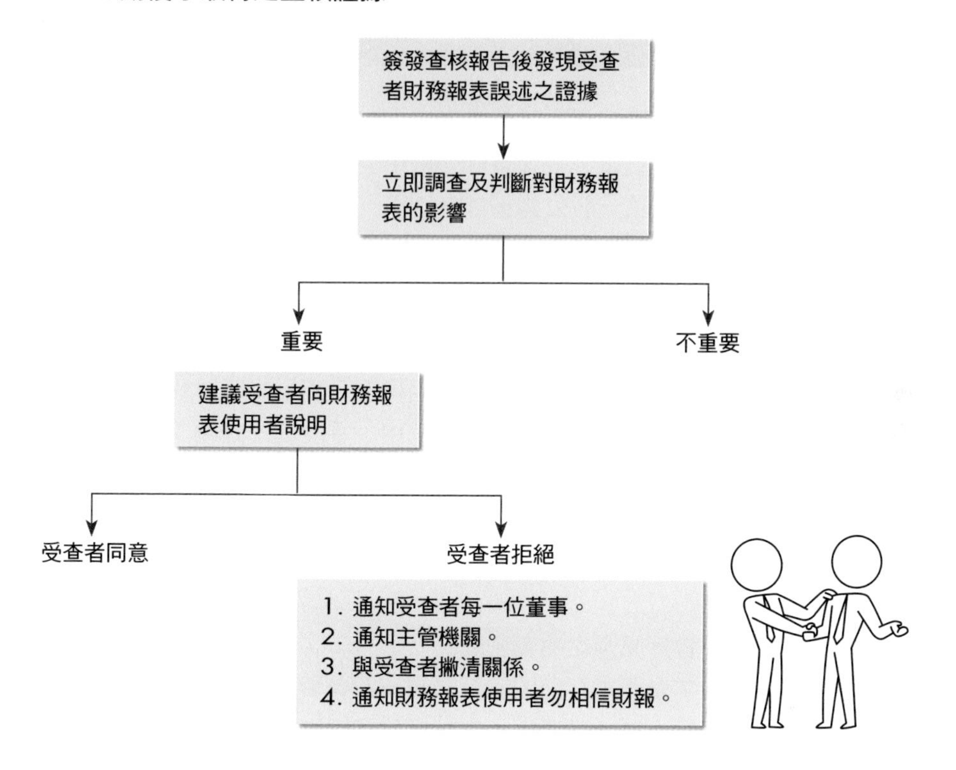

2. 期後發現遺漏程序

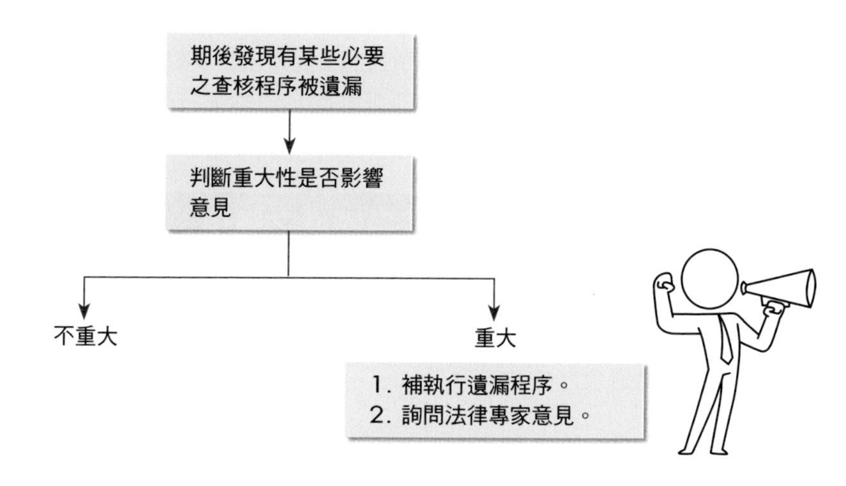

16-2 與客戶溝通

查核人員必須與客戶負責監督財務報表表達之單位溝通，通常這類單位為董事會，或其所隸屬之審計委員會，我國審計公報中並無明文規定會計師應與董事會溝通何種事項，然而在美國一般公認審計準則下，有明確要求會計師必須與客戶溝通下列事項：

1. 一般公認審計準則所規範之查核人員責任
   此點溝通是讓受查者瞭解查核人員之角色係在對管理當局所提出之聲明提供合理之確信，此保證程度並非百分之百保證，而且說明財務報表之編製責任在管理當局身上，此外，在查核過程中，基於成本效益之考量，會使用到抽樣之技術，並且有主觀之專業判斷。
2. 重要會計政策
   與客戶溝通其所選用之會計方法的適當性，若引用不當之會計方法可能造成的後果。
3. 查核人員對客戶會計原則之品質判斷
   此階段的溝通通常會要求客戶的管理階層一起參與，因為會計原則之運用是管理階層之責任，在此溝通上，會計師與管理階層討論管理階層所使用的某些會計方法、認列時點、會計估計之使用基礎等問題。管理階層應誠實向會計師說明其使用特定會計方法的理由。
4. 執行查核所遇到之困難
   溝通查核人員在執行查核時所遭遇到的限制，例如：要求管理階層提供之文件，管理當局以各項理由延遲推託，或在進行查核時，詢問客戶公司之人員相關問題時，該人員以非常不願意配合之態度回應。

須與客戶溝通之事項

01 讓受查者瞭解查核人員之角色。

02 溝通會計方法。

03 管理階層向查核人員說明會計方法使用原因。

04 查核過程遭遇困難。

重大缺失與可報導情況之比較

	重大缺失 （Material Weakness）	可報導情況 （Reportable Conditions）
定義	當一個或若干個內部控制組成要素的設計及執行在員工執行職務正常情況下無法及時偵出對財務報表有重大影響的錯誤或舞弊的可能，為一項風險的概念。而員工在執行其職責的過程中，無法把上述風險降至一相對低水準的情況。	在內部控制結構的設計或執行上之顯著不足之處，對企業的記載、處理、彙總和報導財務資料的能力產生負面影響的事項。
門檻	較高	較低
與內部控制是否有效之關係	替內部控制是否有效的觀念劃出界線，用來與被評估的缺失相比較的嚴重程度門檻，企業一旦有重大缺失，即無法聲稱其內部控制為有效。	由獨立會計師發展出來，用以辨認在查核過程中所發現並且須對審計小組提出報告的事項。企業具有可報導情況，並不意謂其內部控制就會無效。
應告知之對象	投資人、債權人和其他報告使用者。	管理階層、董事會、審計小組。

16-3 取得書面聲明

查核證據為查核人員作成查核結論時所使用之資訊。書面聲明係查核人員於查核財務報表時須取得之必要資訊，故亦為查核證據。書面聲明雖為必要之查核證據，但其自身無法對所涉及之事項提供足夠及適切之查核證據。此外，即使管理階層已提供可信賴之書面聲明，亦不影響查核人員就管理階層已履行其責任或特定聲明所取得其他查核證據之性質或範圍。

取得書面聲明之目的如下：

1. 就管理階層（如適當時，亦包括治理單位）相信其已履行編製財務報表之責任與提供查核人員完整之資訊，取得其書面聲明。
2. 取得其他審計準則公報規定或查核人員認為必要之書面聲明，以支持與財務報表聲明有關之其他查核證據。
3. 對管理階層（如適當時，亦包括治理單位）所提供之書面聲明，或管理階層（如適當時，亦包括治理單位）未依查核人員之要求，提供書面聲明之情況，作出適當回應。

16-4 會計師何時應出具報告

當會計師姓名和財務報表發生關聯時，會計師須提出報告表明執行工作的性質，及對財務報表編製情況的結論（即為意見或報告）。會計師姓名在下列三種情況下，會和財務報表發生關聯：

1. 財務報表印製於標明會計師姓名的用紙上。
2. 財務報表由會計師代為記帳服務之電腦印出。
3. 包含財務報表的文件中，曾指出會計師為公司之會計人員或查核人員。

為形成查核意見，會計師應對是否能合理確信財務報表整體未存有導因於舞弊或錯誤之重大不實表達作成結論。會計師於作成結論時，應考量：

1. 是否已取得足夠及適切之查核證據。
2. 未更正不實表達（個別金額或彙總數）是否重大。

一、查核意見類型

會計師表示的意見，有下列兩種型態：

01 無保留意見

02 修正式意見

有下列情況之一時，會計師應出具修正式意見（包括保留意見、否定意見及無法表示意見）之查核報告：

1. 以所取得之查核證據為基礎，作成財務報表整體存有重大不實表達之結論。
2. 無法取得足夠及適切之查核證據，以作成財務報表整體未存有重大不實表達之結論。

所謂重大是指財務報表之不實表達可能影響財務報表使用者所作之經濟決策，則被認為重大。

會計師形成查核意見

導致修正式意見的性質	會計師對財務報表不實表達的專業評估	
	重大但並非廣泛	重大且廣泛
財務報表存有不實表達	保留意見	否定意見
無法取得足夠及適切之查核證據	保留意見	無法表示意見

二、重大不實表達可能導因於：

1. 所選擇之會計政策不適當，可能包括：
   (1) 所選擇之會計政策不符合適用之財務報導架構。
   (2) 財務報表未能正確敘明與重大項目有關之會計政策。
   (3) 財務報表（包括相關附註）未能允當表達或揭露相關交易及事件。
2. 所選擇會計政策之應用不適當，可能包括：
   (1) 管理階層未依財務報導架構一致應用所選擇之會計政策，包括管理階層所選擇之會計政策未一致應用於各期間或類似交易及事件（亦稱為應用之一致性）。
   (2) 所選擇會計政策應用之方法不適當（例如：非故意之應用錯誤）。
3. 財務報表之揭露不適當或不足夠，可能包括：
   (1) 財務報表未包括適用之財務報導架構規定之所有揭露。
   (2) 財務報表之揭露未依適用之財務報導架構之規定表達。
   (3) 財務報表未提供超出適用之財務報導架構規定之額外揭露，致無法允當表達。

三、查核人員無法取得足夠及適切之查核證據（亦稱為查核範圍受限制），可能導因於：

01 受查者無法控制之情況。

02 與查核工作之性質或時間有關之情況。

03 管理階層之限制。

附錄　會計師查核報告

甲公司（或其他適當之報告收受者）公鑒：

一、查核意見

甲公司民國一〇五年十二月三十一日及民國一〇四年十二月三十一日之資產負債表，暨民國一〇五年一月一日至十二月三十一日及民國一〇四年一月一日至十二月三十一日之綜合損益表、權益變動表、現金流量表，以及財務報表附註（包括重大會計政策彙總），業經本會計師查核竣事。

依本會計師之意見，上開財務報表在所有重大方面係依照證券發行人財務報告編製準則暨經金融監督管理委員會認可並發布生效之國際財務報導準則、國際會計準則、解釋及解釋公告編製，足以允當表達甲公司民國一〇五年十二月三十一日及民國一〇四年十二月三十一日之財務狀況，暨民國一〇五年一月一日至十二月三十一日及民國一〇四年一月一日至十二月三十一日之財務績效及現金流量。

二、查核意見之基礎

本會計師係依照會計師查核簽證財務報表規則及一般公認審計準則執行查核工作。本會計師於該等準則下之責任，將於會計師查核財務報表之責任段進一步說明。本會計師所隸屬事務所受獨立性規範之人員已依會計師職業道德規範，與甲公司保持超然獨立，並履行該規範之其他責任。本會計師相信已取得足夠及適切之查核證據，以作為表示查核意見之基礎。

三、關鍵查核事項

關鍵查核事項係指依本會計師之專業判斷，對甲公司民國一〇五年度財務報表之查核最為重要之事項。該等事項已於查核財務報表整體及形成查核意見之過程中予以因應，本會計師並不對該等事項單獨表示意見。

〔依審計準則公報第五十八號之規定，逐一敘明關鍵查核事項〕

四、管理階層與治理單位對財務報表之責任

管理階層之責任係依照證券發行人財務報告編製準則暨經金融監督管理委員會認可並發布生效之國際財務報導準則、國際會計準則、解釋及解釋公告編製允當表達之財務報表，且維持與財務報表編製有關之必要內部控制，以確保財務報表未存有導因於舞弊或錯誤之重大不實表達。

於編製財務報表時，管理階層之責任亦包括評估甲公司繼續經營之能力、相關事項之揭露，以及繼續經營會計基礎之採用，除非管理階層意圖清算甲公司或停止營業，或除清算或停業外別無實際可行之其他方案。

甲公司之治理單位（含審計委員會或監察人）負有監督財務報導流程之責任。

五、會計師查核財務報表之責任

本會計師查核財務報表之目的，係對財務報表整體是否存有導因於舞弊或錯誤之重大不實表達取得合理確信，並出具查核報告。合理確信係高度確信，惟依照一般公認審計準則執行之查核工作，無法保證必能偵出財務報表存有之重大不實表達。不實表達可能導因於舞弊或錯誤。如不實表達之個別金額或彙總數可合理預期，將影響財務報表使用者所作之經濟決策，則被認為具有重大性。

本會計師依照一般公認審計準則查核時，運用專業判斷並保持專業上之懷疑。本會計師亦執行下列工作：

1. 辨認並評估財務報表導因於舞弊或錯誤之重大不實表達風險；對所評估之風險設計及執行適當之因應對策；並取得足夠及適切之查核證據，以作為查核意見之基礎。因舞弊可能涉及共謀、偽造、故意遺漏、不實聲明或踰越內部控制，故未偵出導因於舞弊之重大不實表達之風險高於導因於錯誤者。
2. 對與查核攸關之內部控制取得必要之瞭解，以設計當時情況下適當之查核程序，惟其目的非對甲公司內部控制之有效性表示意見。
3. 評估管理階層所採用會計政策之適當性，及其所作會計估計與相關揭露之合理性。
4. 依據所取得之查核證據，對管理階層採用繼續經營會計基礎之適當性，以及使甲公司繼續經營之能力可能產生重大疑慮之事件或情況是否存在重大不確定性，作出結論。本會計師若認為該等事件或情況存在重大不確定性，則須於查核報告中提醒財務報表使用者注意財務報表之相關揭露，或於該等揭露係屬不適當時，出具修正式意見之查核報告。本會計師之結論係以截至查核報告日所取得之查核證據為基礎。惟未來事件或情況可能導致甲公司不再具有繼續經營之能力。
5. 評估財務報表（包括相關附註）之整體表達、結構及內容，以及財務報表是否允當表達相關交易及事件。

本會計師與治理單位溝通之事項，包括所規劃之查核範圍及時間，以及重大查核發現（包括於查核過程中所辨認之內部控制顯著缺失）。

本會計師亦向治理單位提供本會計師所隸屬事務所受獨立性規範之人員已遵循會計師職業道德規範中有關獨立性之聲明，並與治理單位溝通所有可能被認為會影響會計師獨立性之關係及其他事項（包括相關防護措施）。

本會計師從與治理單位溝通之事項中，決定對甲公司民國一〇五年度財務報表查核之關鍵查核事項。本會計師於查核報告中敘明該等事項，除非法令不允許公開揭露特定事項，或在極罕見情況下，本會計師決定不於查核報告中溝通特定事項，因可合理預期此溝通所產生之負面影響大於所增進之公眾利益。

××會計師事務所
會計師：（簽名及蓋章）
會計師：（簽名及蓋章）
××會計師事務所地址：
中華民國一〇六年×月×日

Chapter 17

其他服務與報告

17-1 財務報表之核閱

17-2 財務資訊協議程序之執行

17-3 財務資訊之代編

17-1 財務報表之核閱

會計師所提供的服務

	審計	相關服務			
服務之種類	財務報表之查核	專案審查	財務報表之核閱	協議程序之執行	財務資訊之代編
保證之程序	高度但非絕對確信	高度但非絕對確信	中度確信	不對整體作確信	不作確信
報告之形式	對財務報表之聲明以積極確信之文字表達	對財務報表之聲明以積極確信之文字表達	對財務報表之聲明以消極保證之文字表達	僅陳述程序及所發現之事實	僅敘明代編之事實

核閱財務報表之目的

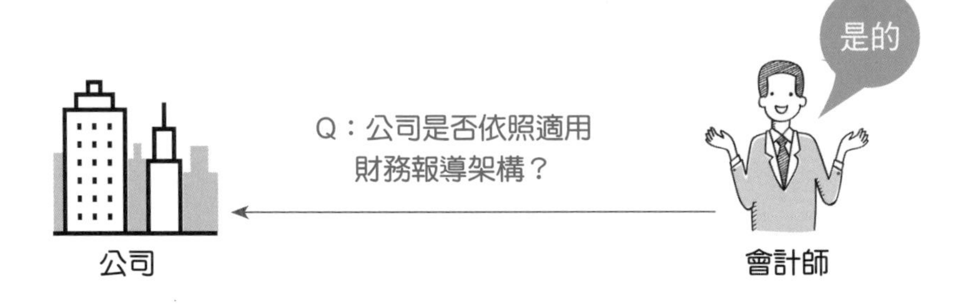

一、目的

會計師核閱財務報表之目的，係依據核閱結果對財務報表在所有重大方面是否有未依照適用之財務報導架構編製之情事作成結論。

二、核閱程序

瞭解受核閱者營運特性與所屬行業之狀況。

查詢受核閱者下列事項：

1. 所採用之會計原則與實務。
2. 交易事項之記錄、分類與彙總、應揭露資訊之蒐集及財務報表編製等程序。

3. 有關財務報表之重要聲明。
4. 查閱股東會、董事會及其他重要會議之議事錄，並瞭解有關決議事項之執行情形及其財務報表之影響。

採用下列分析性覆核程序，以確定差異較大及異常項目之合理性：

1. 比較本期與上期或去年同期之財務報表。
2. 比較本期實際金額與預算金額。
3. 分析財務報表各重要項目間之關係，例如：毛利率、存貨週轉率與應收帳款週轉率等。分析時，應注意上期或去年同期須調整之項目。
4. 比較財務資訊與非財務資訊間之關係，例如：薪資與員工人數之關係。
5. 依據所獲得之資訊考量財務報表是否已依所表示之會計基礎編製。
6. 必要時取得其他會計師查核或核閱之報告。
7. 向受核閱者負責財務與會計事務之人員查詢相關事項，例如：
   (1) 所有交易是否均已記錄。
   (2) 財務報表是否已依所表示之會計基礎編製。
   (3) 營業活動、會計原則及處理是否有改變。
   (4) 執行核閱程序所發現之問題。
   (5) 向受核閱者取得客戶聲明書。

會計師若認為財務報表可能存在重大不實表達時，應執行更多必要之程序，俾出具適當之核閱報告。

三、核閱內容

1. **前言段**
   (1) 所核閱財務報表之名稱、日期及所涵蓋之期間。
   (2) 管理階層與會計師之責任。
2. **範圍段**
   (1) 係依本公報規劃並執行核閱工作。核閱工作如依據某項特殊法令規定辦理者，應敘明所依據之法令名稱。
   (2) 僅實施分析、比較與查詢。
   (3) 並未依照一般公認審計準則查核，故無法對財務報表整體表示查核意見。
3. **意見段**

   以消極確信之文字表達核閱結果。

四、報告類型

1. 無保留核閱報告

會計師核閱結果如未發現財務報表在所有重大方面有違反國際會計準則而須做修正之情事時，應出具無保留核閱報告。

2. 修正式核閱報告

會計師遇有下列情況之一時，應出具修正式核閱報告：

(1) 會計師出具之核閱報告，部分係採用其他會計師之核閱結果，且欲區分核閱責任。

(2) 對受核閱者之繼續營業假設存有重大疑慮。

(3) 受核閱者所採用之會計原則變動且對財務報表有重大影響。

(4) 對上年同期財務報表所表示之核閱結果與原先所表示者不同。

(5) 上年同期財務由其他會計師核閱。

(6) 欲強調某一重大事項，如：

A. 重大關係人交易。

B. 重大期後事項。

C. 核閱範圍未受限制，且財務報表之編製未違反一般公認會計原則時之重大未確定事項。

D. 除會計原則變動外，影響本期與前期財務報表比較之重大事項。

(7) 會計師若發現財務報表有違反一般公認會計原則而須做重大修正。

(8) 核閱範圍受限制。

(9) 會計師若發現財務報表有違反一般公認會計原則且情節極為重大，致財務報表無法允當表達，出具保留式核閱報告仍嫌不足者。

(10) 核閱範圍受限制之情節極為重大，會計師認為無法提供任何程度之確信時，應出具拒絕式核閱報告。

17-2 財務資訊協議程序之執行

協議之程序

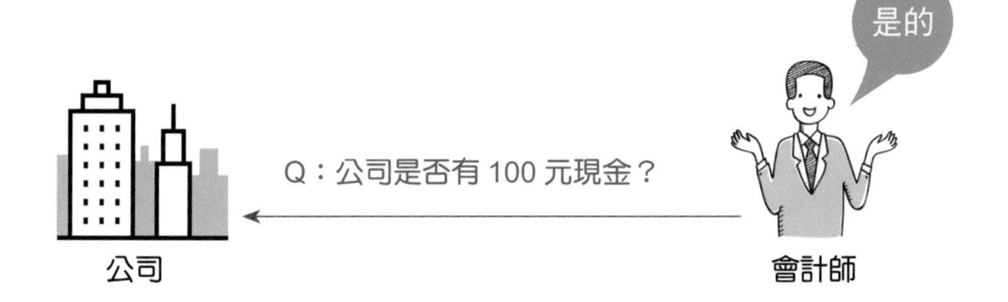

一、目的

1. 會計師履行其與委任人及相關第三者所協議之程序，並報導所發現之事實。
2. 會計師僅於報告中陳述所執行之程序及所發現之事實，不對受查者財務資訊整體是否允當表達提供任何程度之確信。
3. 報告收受者根據會計師之報告自行評估，並據以做成結論。

二、確認委託書之約定條款

1. 委任之性質，包括說明會計師並非依照一般公認審計準則查核，因此不對受查核財務資訊整體是否允當表達提供任何程序之確信。
2. 委任之目的。
3. 確認須執行協議程序之財務資訊。
4. 執行協議程序之性質、時間及範圍。
5. 預定之報告格式。
6. 協議程序由委任人作最後決定，該等程序是否足夠，會計師不表示意見。
7. 報告使用之限制。

三、報告內容

報告中應指出協議程序執行報告須敘明委任之目的及所執行之協議程序，使報告收受者瞭解所執行工作之性質及範圍。

17-3 財務資訊之代編

會計師代編財務資訊

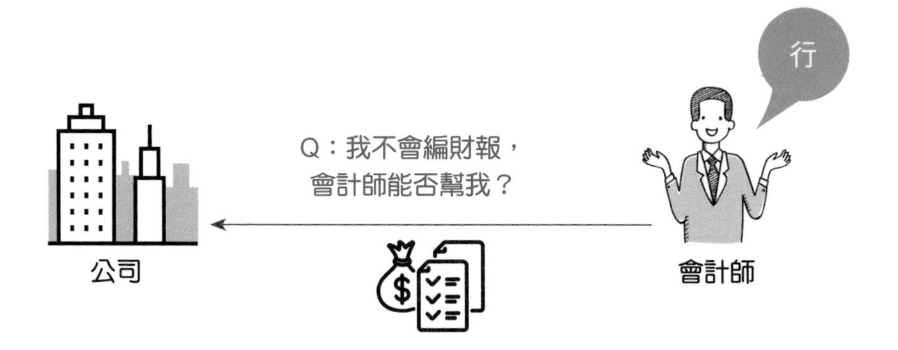

一、目的

1. 會計師利用其會計專業知識蒐集、分類及彙總財務資訊，僅將資料歸納整理，無須加以查核或核閱。
2. 會計師對代編之財務資訊不提供任何程序之確信。

二、原則

1. 會計師得不具獨立性，惟應於所出具之報告中說明此一事實。
2. 會計師受託代編財務資訊所依據之會計原則，得為一般公認會計原則或其他綜合會計基礎。
3. 會計師姓名如與代編之財務資訊發生關聯，應出具報告。

三、委託書

1. 委任之性質，包括說明會計師並未執行查核或核閱程序，因此不對代編之財務資訊提供任何程序之確信。
2. 敘明無法藉由此項委任發現錯誤、舞弊或其他不法行為。
3. 委任人須提供之資訊。
4. 敘明管理階層提供會計師完整且正確資訊之責任。
5. 代編財務資訊所依據之會計原則，並敘明會計師如獲知有違反該會計原則之事項時，將予以揭露。此外，如該會計原則非屬國際會計準則，亦將予以揭露。
6. 代編財務資訊之預定用途及分發對象。

7. 會計師代編財務資訊所出具報告之格式。

四、報告內容

1. 代編係依照所依據之財務準則進行。
2. 報表之編製僅限於將客戶管理當局所聲明之資料，依財務報表之格式加以表達。
3. 報表並未經查核或核閱，因此會計人員並不表示意見或以其他任何形式加以保證。
4. 財務報表的每一頁應註明索引，例如：「參閱會計人員的代編報告」。

學校沒教的會計潛規則

會計師常會對客戶提供管理諮詢服務，也因此習慣性幫客戶代編財資訊而影響到會計師查核工作的獨立性，會計師會將自己的角色混淆。

國家圖書館出版品預行編目資料

超圖解審計學／馬嘉應著. ——初版. ——
臺北市：五南圖書出版股份有限公司,
2019.12
面；　公分
ISBN 978-957-763-702-4（平裝）

1.審計學

495.9　　108016413

1G24

超圖解審計學

作　　者— 馬嘉應
發 行 人— 楊榮川
總 經 理— 楊士清
總 編 輯— 楊秀麗
副總編輯— 張毓芬
責任編輯— 紀易慧
文字校對— 許宸瑞、黃嘉琪
內文排版— 張淑貞
內文插畫— 陳貞宇
封面設計— 姚孝慈
出 版 者— 五南圖書出版股份有限公司
地　　址：106台北市大安區和平東路二段339號4樓
電　　話：(02)2705-5066　傳　　真：(02)2706-6100
網　　址：https://www.wunan.com.tw
電子郵件：wunan@wunan.com.tw
劃撥帳號：01068953
戶　　名：五南圖書出版股份有限公司

法律顧問　林勝安律師

出版日期　2019年12月初版一刷
　　　　　2023年4月初版二刷

定　　價　新臺幣380元